イタイイタイ病学

自主講座 第Ⅰ期 講義録

問い続ける人間から人間に

畑 明郎
野村 剛
向井 嘉之
青島 恵子
金澤 敏子
吉井 千周
星野 富一
外岡 豊
林 豊治
富樫 豊
志甫さおり

イタイイタイ病研究会

発刊にあたって

向井嘉之

イタイイタイ病は日本の公害病認定第一号であり、イタイイタイ病裁判は四大公害訴訟の先頭を切って原告の被害住民が勝訴した裁判です。二〇二二（令和四）年八月九日はそのイタイイタイ病裁判完全勝訴から五〇年の節目の日でした。イタイイタイ病は世界で最大のカドミウム被害をもたらした環境汚染事件です。完全勝訴から半世紀を経たからといって私たちはイタイイタイ病を過去のものとして語ることはできません。

イタイイタイ病はitai-itai diseaseとして世界史に記録される日本の公害病認定第一号であり、国連人間環境会議、Ｇ７環境相会議などでもとりあげられるなど世界の環境問題に貢献しています。また、日本の近・現代における数々の公害問題では、被害者敗北の歴史に初めて終止符を打ち、民衆史への画期となりました。

イタイイタイ病は神岡鉱山による農漁業、山林被害を出し始めた一九世紀から深刻な人間被害をもたらした二〇世紀・二一世紀に至るまで、つまり三世紀にわたる公害（鉱害）はいまだ終わらないという恐るべき環境汚染事件です。

もちろん、イタイイタイ病は人間が招いたものですが、大気に始まり、水環境、土壌、米という食、人間を含むすべての生態系を破壊し、社会システムの崩壊に至った大事件です。イタイイタイ病の一〇〇年は、人間とは何か、企業とは何か、医学とは何か、国家とは何かなど、あらゆるものを問いながら、凶暴な複合体である公害と向き合った民衆（市民）の闘争史であるとも言えます。現代では「環境」の中に埋もれがちな「公害」ですが、近代化一五〇年の時間軸の中で、イタイイタイ病事件はなぜ発生したのか、そしてそれはどのような道を歩んだのか、苦難の中で被害者はどのような声を上げてきたのか、私たちは今こそ学び直さなければなりません。仮にそれを「イタイイタイ病学」と呼び、イタイイタイ病問題に現代的再評価を加えることができれば、私たちがめざす「イタイイタイ病学を拓（ひら）く」ことに一歩でも近づくことが可能になるのではないでしょうか。

「イタイイタイ病学」は今も未知の部分が多いイタイイタイ病を系統的に学び直す取り組みです。それは医学や社会学、法学などさまざまな分野にわたるイタイイタイ病を「人間学」としてあらためて学んでみようという試みです。

「イタイイタイ病学」はこれから模索するもので定義も形もありません。ただ言えることはまさに人間の生きざまの問題であって、医学だけでなく、いのちの価値を大切にする弱者の立場に立つ学問が「イタイイタイ病学」ではないかということです。

イタイイタイ病を真摯（しんし）に全身で受け止め、イタイイタイ病事件から何が見えるか、さまざまな学び直しに挑戦し、イタイイタイ病の本質を語り合い、探り出し、きっちりと残していくことこそ、現代に生きる私たちの責任ではないかと思います。

二〇二二（令和四）年一一月、イタイイタイ病を学び直そうという大学人や市民が富山市に集まり、「イタイイタイ病研究会」を発足させました。

「イタイイタイ病研究会」の活動の目的は三つあります。

目的の第一は「イタイイタイ病学を拓く」ということです。

公害の歴史を変えた「イタイイタイ病裁判原告完全勝訴から五〇年」を機に、次のステージとして「イタイイタイ病学を拓く」を目標にイタイイタイ病を系統的に学び直す取り組みを行います。それは前述したように、イタイイタイ病を「人間学」として体系的に学んでみようという試みです。「イタイイタイ病学」構築への第一歩を研究の目標とします。

次はこの目的に付随して、イタイイタイ病の歴史と記録を正しく後世に伝え、より豊かなイタイイタイ病の表現を研究していくということです。

イタイイタイ病は一〇〇年を超える歴史を経て、自らの記憶を語れる人は極めて少数になり、これからはまさに「記憶から記録へ」、いかにイタイイタイ病を後世に記録していくか非常に大切な時期に入っていきます。イタイイタイ病のそれぞれの分野で関心を持つ人たちが研究の成果を記録し、発表する場として新しいステージに入りたいと考えます。

さらに第三の目的として、「イタイイタイ病学を拓く」試みや「イタイイタイ病の記録や表現の場」を通じ、多くの市民の皆さんにイタイイタイ病への理解を深めていただく意味で、イタイイタイ病の持つ社会的意義を伝えることを重視していく考えです。これはイタイイタイ病への理解を深める活動につながると思います。

こうした考えに沿って、二〇二三（令和五）年二月、イタイイタイ病研究会主催による「イタイイタイ病学　自主講座第一回」を富山市で開催しました。会場には一般市民の他に地元富山大学から約二〇人の学生も参加し、熱心な質疑応答も行われました。

以来、二〇二三（令和五）年においては「イタイイタイ病学を拓く」というささやかな試みに向かって、志をともにする皆さんとご一緒に、七回の「イタイイタイ病学自主講座」を開催してきました。この『イタイイタイ病学　自主講座 第Ⅰ期 講義録』は、その記録であり報告です。

本書では自主講座の講義記録とともに、「イタイイタイ病研究会」会員による関連論文や研究ノートも掲載しました。なお、各講義の本書への収録にあたりましては、できるだけ読みやすいように統一性を心がけましたが、担当講師による発表形式の違いにより、本書でも各講師の発表の特徴をそのまま生かした収録になっています。ご了承下さい。

「イタイイタイ病研究会」では二〇二四（令和六）年以降も「イタイイタイ病学」自主講座を継続していきたいと考えています。是非多くの方々にご参加いただき、願わくば、ご参加いただいた皆さんお一人お一人が、自らの生き方がにじむ「私のイタイイタイ病学」を育てていただければ何よりです。どうぞよろしくお願いいたします。

目次

自主講座

研究論文

研究ノート

吉井千周 ● よしい せんしゅう

自主講座第６回担当

1972年、鹿児島県生まれ。富山市在住。博士（学術）。富山大学准教授（日本国憲法）。

イタイイタイ病研究会幹事。公共社団法人富山県地方自治研究センター理事。

国内外の研究所を経て、マイノリティ、公害、環境問題といった社会的弱者の問題に関する研究を行う。

星野富一 ● ほしの とみいち

自主講座第７回担当

1948年新潟県生まれ。富山市在住。横浜国立大学経済学部卒業後、東北大学大学院経済学研究科博士課程単位取得退学。盛岡大学文学部講師、助教授（この間、カナダ・ヨーク大学客員研究員）を経て、1994年富山大学経済学部教授。2003年東北大学・博士（経済学）。2014年富山大学定年退職、富山大学名誉教授。専門は信用理論・恐慌論・景気循環論を中心とする政治経済学、日本経済論、アジア経済論、など。

外岡　豊 ● とのおか ゆたか

研究論文担当

1950年、神奈川県生まれ。藤沢市在住。工学博士。埼玉大学名誉教授（環境政策）。激甚公害から地球環境問題まで広く環境問題について扱う。環境省検討会、埼玉県審議会等歴任。日本建築学会他多数学会所属、研究活動継続中。

人的要因による災害被害拡大防止研究会（富樫豊代表）、人新世と統合学研究会（代表世話人）等で学問領域を限定しない研究討論を行っている。

（「イタイイタイ病研究会」設立準備セミナー・パネラー）

林　豊治 ● はやし とよはる

研究ノート１担当

1958年氷見市生まれ、高岡市在住。元農業普及指導員､環境計量士（濃度）

富樫　豊 ● とがし ゆたか

研究ノート２担当

1949年富山県生まれ。上市町在住。NPO地域における知識の結い代表。現役期では教育職一筋。専門は「建築･街づくりと防災工学」。定年後は地域における草の根的な市民活動に邁進。コミユニティづくりや古民家・町家の保全･活用に尽力。

志甫さおり ● しほ さおり

研究ノート３担当

1962年富山市生まれ。富山市在住。ホテルの筆耕業務担当。

「富山の地方自治を考える会」「イタイイタイ病を語り継ぐ会」など市民団体の活動に参加。

執筆者紹介（執筆順）

畑　明郎 ● はた あきお

自主講座第１回担当

1946年兵庫県生まれ。滋賀県在住。日本環境学会元会長・元大阪市立大学大学院教授。商学博士。

1976年に京都大学大学院工学研究科博士課程修了後、京都市公害センター（後に衛生公害研究所に改組）に19年間勤務し、1995年から大阪市立大学勤務する。大学院在学中の1972年に第１回神岡鉱山立入調査参加以来、約50年間立入調査を継続し、2021年に『イタイイタイ病発生源対策50年史』を出版。

野村　剛 ● のむら つよし

自主講座第２回担当

1955年、富山県富山市生まれ、射水市在住。地域文化史研究に従事。堀田善衞の会世話人、富山文学の会会員、全国自由民権研究顕彰連絡協議会会員。

向井嘉之 ● むかい よしゆき

自主講座第３回担当

1943年、東京生まれ。富山市在住。同志社大学英文科卒。

イタイイタイ病研究会幹事。ジャーナリスト。

元聖泉大学人間学部教授（メディア論）。著書に『イタイイタイ病と戦争』（単著）『野辺からの告発　イタイイタイ病と文学』（単著）『神通川流域民衆史』（共著）ほか多数。

青島恵子 ● あおしま けいこ

自主講座第４回担当

1950年、東京都杉並区生まれ。富山市在住。札幌医科大学卒。医学博士。

医師、医療法人社団継和会理事長・萩野病院長。

元富山医科薬科大学医学部学内講師（公衆衛生学）。著書に『重金属と生物』（共著）『Cadmium Toxicity: New Aspects in Human Disease, Rice Contamination, and Cytotoxicity』（編著）『Overcoming Environmental Risks to Achieve Sustainable Development Goals. Lessons from the Japanese Experience』（共著）ほか多数。

金澤敏子 ● かなざわ としこ

自主講座第５回担当

1951年生まれ。富山県入善町在住。ドキュメンタリスト。細川嘉六ふるさと研究会代表。北日本放送アナウンサーを経て、テレビ・ラジオのドキュメンタリーを40本余り制作。「ひとりがたり」演者、絵本『みよさんのたたかいとねがい』などイタイイタイ病をはじめ、米騒動、泊・横浜事件に関する著書多数。

イタイイタイ病事件概要

イタイイタイ病研究会

はじめに

「イタイイタイ病研究会」では、自主講座の開講にあたって、イタイイタイ病に関する公害（鉱害）問題を「イタイイタイ病事件」として捉える。

一、疾病名「イタイイタイ病」itai-itai disease

二、発生時期

・一九一一（明治四四）年、厚生省の推定（一九六八・昭和四三年資料）による最初の患者発生

・一九五五（昭和三〇）年八月四日付け『富山新聞』朝刊記事により、患者の存在明らかに

三、発生の原因と経緯、病態の概要

イタイイタイ病は、一九一一（明治四四）年頃から岐阜県・神岡鉱山の三井金属鉱業神岡鉱業所（現・神岡鉱業株式会社）からの排水に含まれるカドミウムに汚染された飲み水や米を通じて富山県の神通川

流域住民が被害を受けた。主として年配の女性に多く発生したが、重金属のカドミウムが体内に蓄積すると腎臓障害を起こし、骨が軟化し折れやすくなる。重症の場合はくしゃみ程度で骨折するほどで、激痛に見舞われた患者が「痛い、痛い」と全身の激痛を訴えたのが名前の由来である。

四、神岡鉱山による鉱害被害地域（別紙1）

五、神通川流域図（別紙2）

六、イタイイタイ病患者発生地域図（別紙3）

七、イタイイタイ病裁判

・一九六八（昭和四三）年三月九日、患者・遺族が三井金属鉱業に損害賠償を求め富山地裁に提訴

・一九七一（昭和四六）年六月三〇日、第一次訴訟で富山地裁が原告全面勝訴の判決

・一九七二（昭和四七）年八月九日、控訴審で原告完全勝訴確定、被害者団体と三井金属鉱業が公害防止協定を締結（被害者団体は同時に、「イタイイタイ病の賠償に関する誓約書」「土壌汚染問題に関する誓約書」を勝ち取る）

八、イタイイタイ病に対する賠償

イタイイタイ病裁判控訴審後、三井金属鉱業と被害住民が取り交わした「誓約書」により、賠償の対象となる認定患者や要観察者は、富山県の公害健康被害認定審査会の審査に基づいて富山県知事が認判定する。

認定審査会のイタイイタイ病診断基準

現在は一九七二（昭和四七）年六月の環境庁公害保健課長通知「公害に係る健康被害の救済に関する特別措置法によるイタイイタイ病の認定について」による次の四条件

①カドミウム濃厚汚染地域に居住し、カドミウムに対する曝露歴（ばくろれき）があること。
②以下の③④の状態が先天性のものでなく、成年期以後（主として更年期以後の女性）に発現したこと。
③尿細管障害（にょうさいかんしょうがい）が認められること。
④骨粗鬆症（こつそしょうしょう）を伴う骨軟化症の所見が認められること。

九、イタイイタイ病認定患者

・二〇二二（令和四）年、患者認定制度による二〇一人目の患者確認、三世紀にわたる健康被害が現在も存在（患者認定制度以前の激甚被害期の患者については要研究）

二〇二三（令和五）年一二月三一日現在の認定患者数は二〇一人（うち死亡二〇〇人）

イタイイタイ病小史

作成：イタイイタイ病研究会

一八七四（明治　七）年　　三井組　神岡鉱山の経営に乗り出す
一九一一（明治四四）年　　厚生省（当時）の推定による最初のイタイイタイ病患者発生
一九五五（昭和三〇）年　八月　イタイイタイ病が初めて新聞で報道される
一九六一（昭和三六）年　六月　萩野昇医師らがカドミウム原因説を発表
一九六六（昭和四一）年一一月　被害住民が「イタイイタイ病対策協議会」を結成
一九六七（昭和四二）年一二月　富山県が七三人の患者を初認定
一九六八（昭和四三）年　三月　患者・遺族が三井金属鉱業に損害賠償を求め富山地裁提訴
　五月　厚生省（当時）がイタイイタイ病を初の公害病と認定
一九七一（昭和四六）年　六月　第一次訴訟で富山地裁が原告全面勝訴の判決
一九七二（昭和四七）年　八月　控訴審で原告完全勝訴確定
　住民と三井金属鉱業が公害防止協定を締結
　一一月　神岡鉱山第一回立入調査
一九七四（昭和四九）年　九月　公害健康被害補償法施行

一九八〇（昭和五五）年　二月　汚染土壌の復元開始

二〇一二（平成二四）年　三月　三三年をかけて汚染土壌復元完了

　　　　　　　　　　　　四月　富山県立イタイイタイ病資料館開館

二〇一三（平成二五）年一二月　被団協と三井金属鉱業が「全面解決」の合意書に調印

二〇一四（平成二六）年　六月　市民団体　イタイイタイ病を語り継ぐ会　設立

二〇一六（平成二八）年一一月　イタイイタイ病対策協議会　結成五〇周年

二〇一八（平成三〇）年　三月　イタイイタイ病提訴から五〇年

　　　　　　　　　　　　五月　イタイイタイ病公害病認定から五〇年

二〇二一（令和　三）年　六月　イタイイタイ病裁判原告患者勝訴から五〇年

　　　　　　　　　　　　七月　神岡鉱山立入調査五〇回目

二〇二二（令和　四）年　四月　富山県立イタイイタイ病資料館開館から一〇年

　　　　　　　　　　　　八月　イタイイタイ病裁判完全勝訴から五〇年

　　　　　　　　　　　一一月　イタイイタイ病研究会発足

二〇二三（令和　五）年一二月　被害者・加害者の「全面解決」合意から一〇年

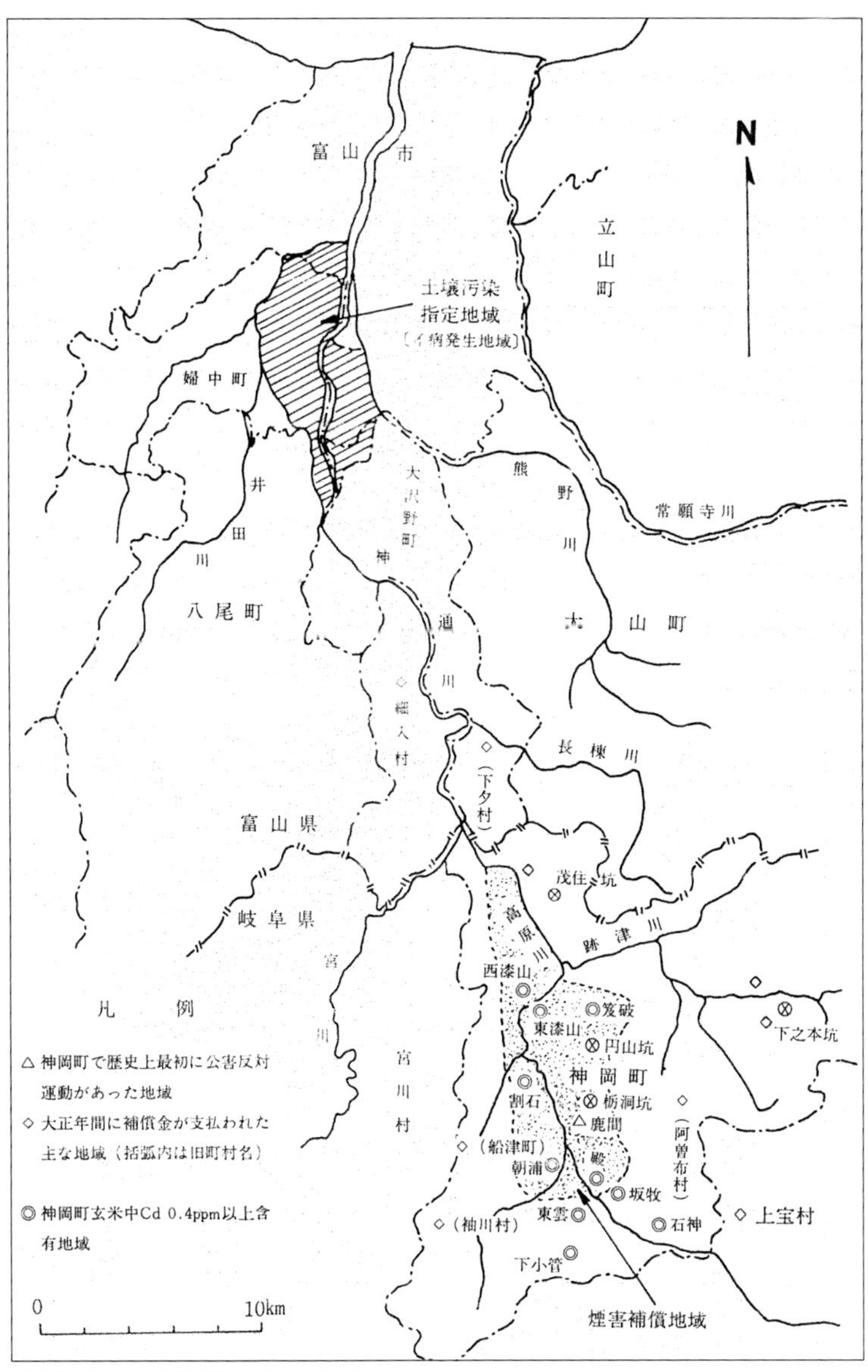

神岡鉱山による鉱害被害地域図（別紙１）

出所：発生源対策専門委員会委託研究班『神岡鉱山立入調査の手びき』神通川流域カドミウム被害団体連絡協議会、1978

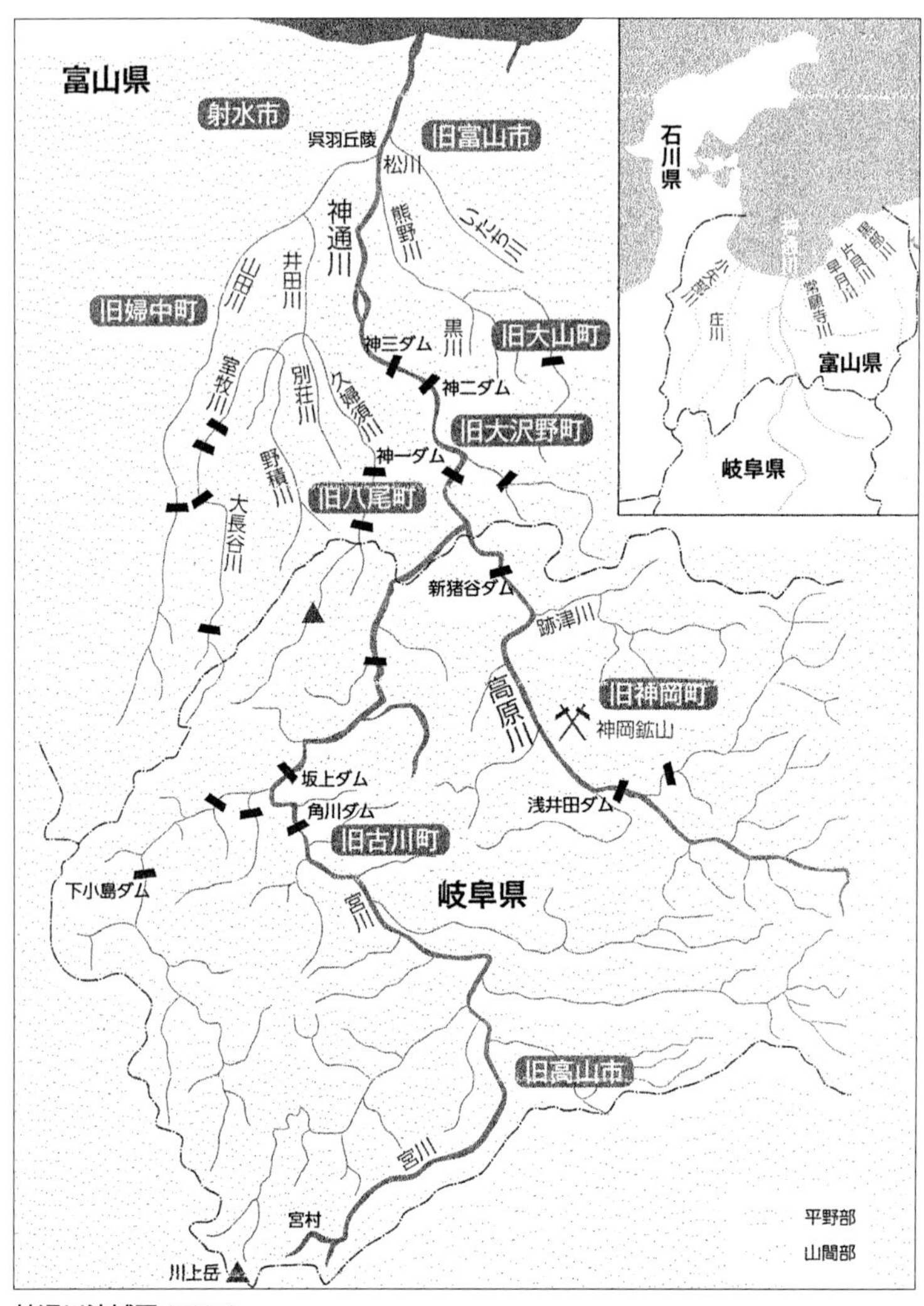

神通川流域図（別紙２）

出所：神通川流域カドミウム被害団体連絡協議会『甦った水と大地』富山県、2017

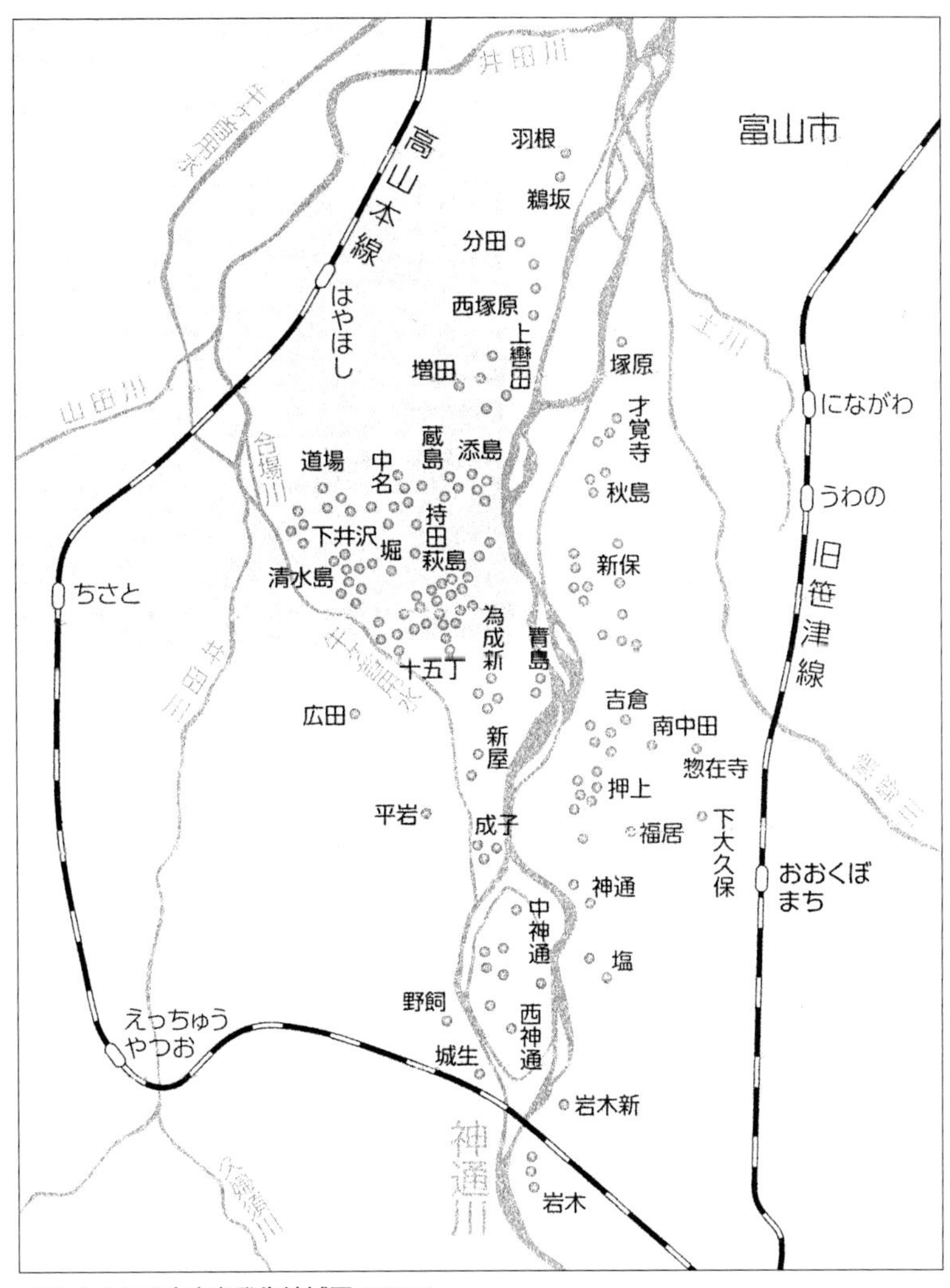

イタイイタイ病患者発生地域図（別紙３）

出所：神通川流域カドミウム被害団体連絡協議会『甦った水と大地』富山県、2017

イタイイタイ病学

自主講座 第I期 講義録

問い続ける 人間から人間に

自主講座

第一回　鉱山開発と文明

三井神岡鉱山成立からの激動

畑　明郎

一九七二(昭和四七)年の京都大学大学院博士課程に入った時から、神岡と富山へは何度も来ており、発生源対策協力科学者グループ代表もしてきましたが、きょうはイタイイタイ病の背景とも言える古代文明の時代からの金属利用を中心にお話をさせていただきます。

古代文明発祥(はっしょう)は、紀元前約三〇〇〇年~四〇〇〇年頃に始まる青銅器時代とされ、メソポタミア、エジプト、インダスおよび黄河の四大文明からです。それまでは石器・土器時代でした。

文明の歴史は、金、銀、銅、鉛、鉄などの金属利用の歴史でした。とくに、青銅は、銅と錫・鉛との合金であり、武器、祭器、食器、彫像、貨幣、農工具などに使われました。ギリシャ時代に起源を有するオリンピック競技が、現代でも金・銀・銅メダルを賞品とするのはこの名残です。金属利用は、自然金、自然銀、自然

自主講座会場風景　　志甫さおり撮影

銅、隕鉄などの地上の自然金属の発見と利用に始まりますが、やがて地下の鉱石の採掘、水による選鉱、火による製錬へと発達しました。金・銀・青銅などの金属を中心に紀元前三〇〇〇年から四〇〇〇年頃から利用されてきましたが、まず古代オリエントのメソポタミア文明、今のイラクあたりです。このあたりから金属利用が進みました。

　はじめに、金属の有害性と必須性から話しますと、ギリシャ・ローマ時代には、金属鉱山の坑内採掘や金属製錬の排煙が人体に有害であることが知られ、あの有名なヒポクラテスが坑夫の病気を初めて紹介しました。ローマ時代の世界最古の百科全書たる『プリニウス博物誌』は、金、銀、銅、錫、鉛、水銀および鉄の七金の製法と効用を記述するとともに、水銀、鉛、ヒ素などの有害性も記述しています。富山との関連で話しますと、富山化学で製造されていたあの「赤チン」という薬、マーキュロ・クロムと言う猛毒物質が含まれていました。マーキュロは水銀で、クロムは六価クロムです。毒があるから殺菌力もあるわけですが、水俣病の問題が起きてから製造されていません。

　ギリシャ・ローマ時代から水銀やヒ素は、毒性を利用して医薬品や農薬として使用されました。古代中国でも、水銀、ヒ素、鉛などは、有用物として不老長寿の丹薬、農薬などに大量に使用されていました。原始生物は海で誕生し、海水中の元素を利用して生体を形成しましたので、必須元素と有害元素が存在しますが、必須元素も欠乏障害と過剰障害が発生します。

　これは『プリニウス博物誌』で最近発行された全三巻の本で翻訳もされています。金属には人体に必要な必須金属もあれば、人体に不要なカドミウム、水銀のような元素もあります。一六世紀にドイツ人のアグリコラが『デ・レ・メタリカ』という鉱山・冶金書を出版しています。これには、金属鉱業による森林破壊や動植物の絶滅、鉱毒水による魚類の絶滅などの鉱害も紹介されています。また、一七世紀の中国でも宋応星（そうおうせい）が『天工開物（てんこうかいぶつ）』という技術の百科全書を出版しました。この本では、ヒ素の有害性に触れるとともに、ヒ素が農薬、火薬、銅合金などに大量に使われていると記述されています。私がドイツへ留学した際にメルヘン街道の途中にゴスラーという鉱山町があり、神聖ローマ帝国の首都だったのですが、ここにジーメンスの館というのがあります。ジーメンスという企業は今もありますが、ここは当時から銀が取れ、銀の商人だったのです。

プリニウス著・中野定雄ほか訳
『プリニウス博物誌』

日本は、マルコ・ポーロが『東方見聞録』でZipangu（黄金の島、Japanの語源）と書いたほど、世界有数の金銀銅の輸出国でした。そもそも日本列島は、環太平洋火山地帯に位置し、火山や温泉とともに多数の金属鉱床が存在しました。大規模な鉱床は、神岡、足尾、別子、小坂、日立などです。一六～一七世紀に日本産の銀は、世界の三分の一を占めており、その大半を石見（いわみ）銀山が産出しました。奈良時代には、当時世界最大の東大寺の水銀で金メッキした青銅製大仏を作るほど、金、水銀、銅、錫、鉛などの金属生産技術が発達していたのです。

ごらんいただいているのは佐渡の金山と石見銀山です。佐渡の金山は今、世界遺産に立候補していますし、石見銀山は二〇〇七（平成一九）年に世界遺産になりました。

中近世に鉱山の開発が進みました。戦国時代には、金銀は軍資金、鉛は弾丸用として鉱山争奪の的となりました。大鉱山としては、佐渡金山、石見銀山、生野銀山、多田銀山、神岡鉱山、足尾銅山、別子銅山などが有名です。一七世紀末の一時期、別子銅山が原動力となり、日本の産銅量は世界一となりました。いずれも長崎の出島から輸出していました。しかし、佐渡・石見・生野鉱山の坑夫じん肺、別子・生野・神岡鉱山の鉱毒水による農業被害が発生しました。また、じん肺のために坑夫の平均余命は三〇歳と短命であり、佐渡金山では囚人や無宿人を就労させていたようです。

佐渡金山　畑明郎撮影

石見銀山の採掘跡　畑明郎撮影

さて、一九世紀後半の明治維新後に日本の近代化が始まり、主要な金属鉱山は住友・別子銅山を除き国有化されましたが、経営不振で民間に払い下げられました。足尾銅山は古河市兵衛に、小坂鉱山は藤田組に、日立銅山は久原（くはら）房之介に、佐渡・生野鉱山は三菱に、神岡鉱山は三井組に払い下げられたのです。これらの六大鉱業資本は、鉱山を拠点に財閥形成の道をたどっていきます。とくに、「銅は国家なり」と喧伝（けんでん）され、主な輸出産業であった銅鉱業は、足尾・別子・小坂・日立の四大銅山を中心に繁栄しました。

今はほとんどの鉱山が閉山し、残っているのは鹿児島県北部にある菱刈（ひしかり）金山ぐらいです。住友金属鉱山の経営ですが、菱刈金山は非常に高品位で南アフリカの金山より高品位と言われます。

さて、四大銅山は、足尾鉱毒事件と別子・小坂・日立煙害事件の四大鉱害事件を引き起こしました。日本の「公害の原点」とされる足尾鉱毒

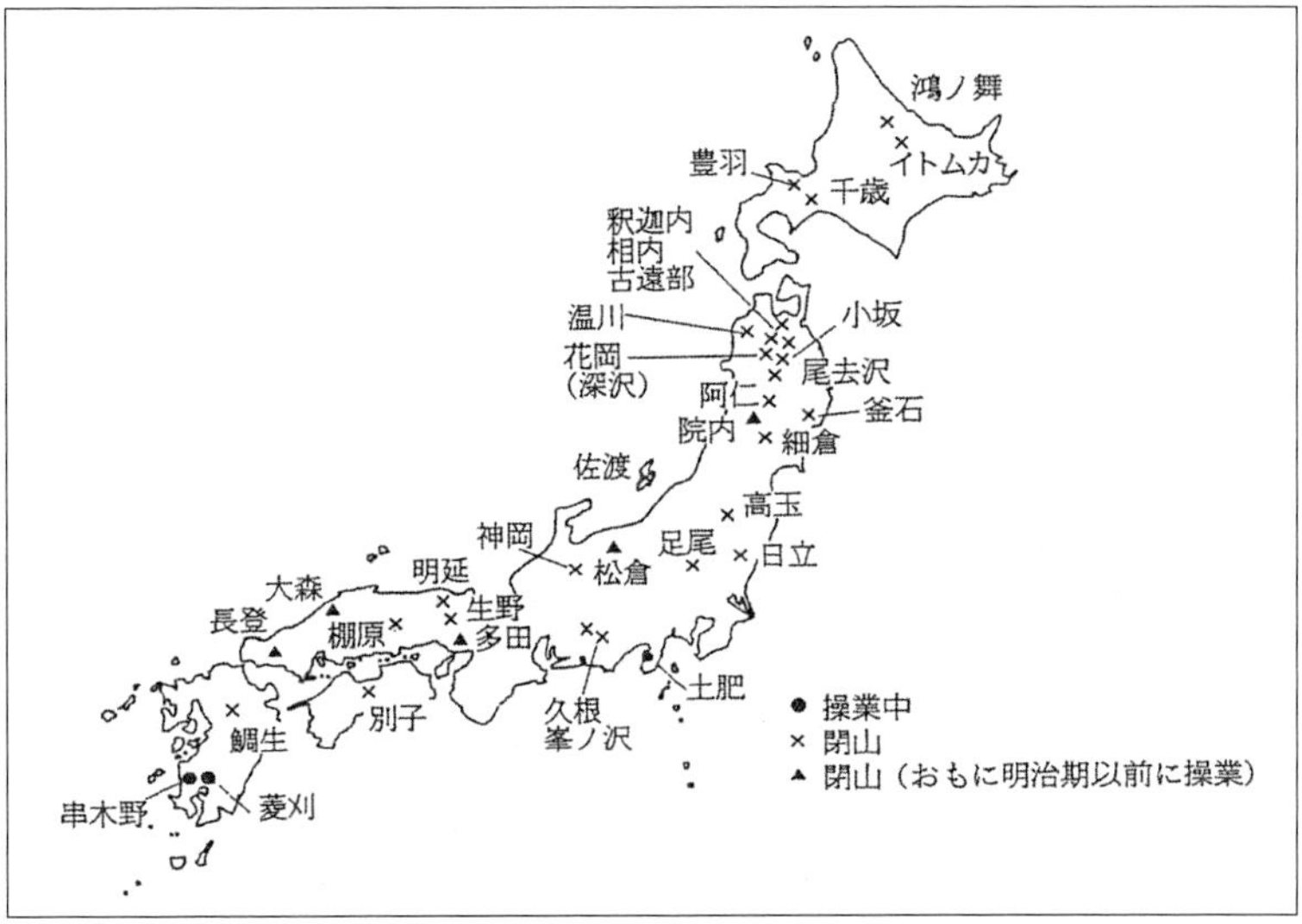

日本の主な金属鉱山

出所：畑明郎『土壌・地下水汚染』有斐閣、2001

事件は、鉱山排水による渡良瀬川下流の数万ヘクタールに及ぶ農地の農作物被害と、製錬排煙による鉱山周辺の数万ヘクタールに及ぶ山林被害をもたらした最大の鉱害事件です。別子・小坂・日立煙害事件は、製錬排煙による農作物や山林の大規模な被害を発生させました。別子煙害事件では、多額の損害賠償、生産量制限、製錬所の四阪島移転、排煙脱硫施設導入、大規模な植林などを行い、第二次世界大戦前に解決しました。

写真で見ていただきますが、四大鉱山では、足尾が日本のグランドキャニオン（禿山）といわれ、足尾国有林治山事業や砂防ダムづくりに追われました。また、別子では製錬所を四阪島に移転しましたが、結果的に被害地が広がり、日立では高さ一五六メートルの大煙突を立てたりして対策に追われました。

一方、神岡鉱山のカドミウムを含む排水により、神通川流域農地の土壌汚染と産米汚染を原因とするイタイイタイ病が発生しました。また、秋田県小坂鉱山周辺、兵庫県生野鉱山周辺、群馬県安中製錬所周辺、富山県黒部市の三日市製錬所周辺などのカドミウム汚染、宮崎県土呂久鉱山周辺の慢性ヒ素中毒症なども起こり、カドミウム、ヒ素による農地の土壌汚染が一九六〇～七〇年代にクローズアップ

日本のグランドキャニオンと言われた足尾銅山

出所：古河鉱業㈱『創業100年史』

別子銅山の貯鉱庫　畑明郎撮影

され、金属鉱山や製錬所は主な汚染源として対策を迫られました。農用地土壌汚染防止法に基づくカドミウム、ヒ素、銅による農用地土壌汚染対策地域が指定されました。私が大学時代に初めて土壌汚染の調査をしたのは生野鉱山周辺ですが、ここでは汚染地域が約五〇〇ヘクタール、土壌汚染対策指定地域が一二七ヘクタールで、カドミウム・鉛・亜鉛・ヒ素などに汚染されていました。

全国の土壌汚染対策指定地域は大体、七〇ヵ所以上になります。北海道は一ヵ所のみで、なぜか四国にはありません。秋田県は一番鉱山が多くて汚染地も多いのですが、二六地域の汚染地がありまして、一五〇〇ヘクタール以上の汚染地です。富山県は一ヵ所で一五〇〇ヘクタールあります。秋田は火山が多くて十和田湖や田沢湖はカルデラですし、火山が多いとどうしても鉱山が多くなります。

関連していいますと、二〇〇〇年初めころの『週刊金曜日』という雑誌で「カドミウム天国・日本」

という特集が組まれたことがあります。国際的には、「日本のお米は大丈夫か」と言われるように、米の玄米中カドミウム濃度について国際的には、〇・二ppm以下という提案があったのですが、日本の自治体の二割以上、特に東北、北陸地方といった米どころでは汚染地が多いということがわかります。次に準汚染米の〇・四ppm以上の所は七六市町村あり、上位が秋田県で、次いで富山県で、婦中町だけでなく、大沢野町、黒部市周辺、宇奈月町、朝日町、入善町、魚津市でも準汚染米の〇・四ppm以上が出ています。本来は土壌汚染対策地域に指定されるべきですが、国はフォローをしていません。米は実際に米屋で売られている米を買って分析しているのですが、富山や秋田では〇・四PPM以上の米が今も売られていることになります。

イタイイタイ病による汚染農地は全部で六〇〇〇ヘクタールになります。国の食品安全基準による一・〇ppm以上が一五〇〇ヘクタール、それに加えて準汚染米地域が二〇〇〇ヘクタールで計一七〇〇ヘクタール弱が指定されましたが、実際に復元されたのは九〇〇ヘクタール弱でした。

復元工法としては、汚染された田んぼの真ん中に数メートルの穴を掘って汚染土壌を埋め込む工法でしたので、その時に汚染土壌を埋め込んだのが、復元農地の軟弱地盤の原因の一つになっているのではないかと思います。イタイイタイ病対策の費用ですが、一九九六(平成八)年度までで、全体で七〇〇億円近い費用になっていますが、その後、土壌汚染対策費用が四〇〇億円以上になっているし、その後の人体被害補償などを合わせますと、イタイイタイ病対策の費用は、現時点で一〇〇〇億円以上になっていると思います。

イタイイタイ病をカドミウム中毒の病像で見てみますと、現在、イタイイタイ病とされるのは、氷山の一角である頂上の重症のみがイタイイタイ病とされており、その底辺にはカドミウム腎症などのいわゆる前駆症状があります。イタイイタイ病発生地域は、富山県神通川流域の他に、石川県梯川流域、長崎県対馬、兵庫県市川流域の四ヵ所がありますが、イタイイタイ病患者として認定されたのは富山県だけです。

それでは、ここで神岡鉱山の歴史について触れていきます。

現在の神岡鉱山の中心鉱区に当たる茂住銀山と和佐保銀山は、一六世紀末に発見・稼行されました。一七世紀末に徳川幕府は飛騨一国を直轄領としましたが、目的は鉱物資源と木材資源の確保にありました。江戸時代に和佐保銀銅鉛山、鹿間銅鉛山および茂住銀銅鉛山などで生産量が増加する中で、悪水（鉱毒水）による農業や飲料水の被害が増大しました。一八五五（安政二）年に徳川幕府は、飛騨一国産出の含銀銅鉛を集めて銀製錬を行うために高山代官所に銀絞吹所を設置しました。

三井資本の進出はもちろん明治に入ってからです。一八七三（明治六）年以後、三井組が次々と鉱区を借区人から買収・拡大するとともに、一八八一（明治一四）年に鹿間谷に飯場・吹所の建築を始め、本格的経営を開始しました。一八八五（明治一八）年に神岡諸鉱山の全山統一の指示が、外務大臣・井上馨によりなされ、三井組は神岡諸鉱山を買収し、一八八九（明治二二）年に全山を統一しました。全山統一後、選鉱・製錬部門を中心に西欧の新技術を導入して生産量を増大させました。生産量を増大させるにつれて、鉱害、とくに鉛製錬部門からの排煙による煙害が激化・拡大しました。一九〇五（明治三八）年頃から、それまで夾雑物として廃棄していた亜鉛鉱石の採取を開始しました。一九一一（明治四四）年に茂住浮遊選鉱場を建設したのが、日本の浮遊選鉱法の嚆矢と言えます。一九〇五（明治三八）

年に製錬所を鹿間谷から鹿間に移転し、鉛・亜鉛製錬設備の拡大・増強を行いました。なお、カドミウムは、亜鉛鉱石中に約二〇〇分の一含まれます。

一九〇五（明治三八）年まで亜鉛鉱は廃棄しましたが、亜鉛鉱の堆積場では谷川の洪水を待って夜間に谷川へ放流しました。亜鉛鉱の採掘・処理により、神岡鉱山周辺に限定されていた鉱害は、富山県側にまで拡大され、一九一二（大正元）年頃からイタイイタイ病患者が発生したのです。

一九一三（大正二）年に神岡鉱山で焙焼（ばいしょう）された亜鉛焼鉱を三井の三池製錬所で蒸留（じょうりゅう）亜鉛の生産を開始しました。一九一四（大正三）年に勃発した第一次世界大戦で軍需物資として亜鉛需要が増大しました。鉱質・鉱量ともに日本最大規模の亜鉛鉱を有する神岡鉱山は、日本最大の亜鉛鉱山としての独占的地位を確立したのです。しかし、一九一四（大正三）年に神岡町で山林・農作物・家畜に著しい被害が発生し、一九一七（大正六）年になると被害は拡大し、製錬中止を要求するまでに至りました。

三井は、一九一八（大正七）年に亜鉛鉱の焙焼を中止し、亜鉛精鉱を三池製錬所へ輸送して焙焼しました。一九二九（昭和四）年の世界大恐慌後、鉛・亜鉛の生産量は急減しましたが、一九三一（昭和六）年の中国侵略戦争の勃発後は増大し、とくに、一九三七（昭和一二）年の日中戦争を契機に鉛・亜鉛の生産量は激増していったのです。一九四二（昭和一七）年〜四四（昭和一九）年の日本における鉛・亜鉛生産量のうち六〇％以上が直接軍事用に供給され、神岡鉱山も一九四三（昭和一八）年に海軍の指定工場となりました。神岡鉱山の出鉱量も、一九三五（昭和一〇）年から一九四四（昭和一九）年にかけて約四倍に増大しましたが、大量採掘と大乱掘をしました。一九四三（昭和一八）年にドイツからの技術導入により亜鉛電解工場を建設し、一九四四（昭和一九）年からカドミウムを生産しました。

一九三一（昭和六）年頃より神通川流域で鉱害が問題化し、三井は一九三一（昭和六）年に鹿間谷に廃滓堆積場を建設しました。一九三二（昭和七）年に富山県は神通川の水質・底質・神岡鉱山排水、被害農地土壌などを調査しましたが、亜鉛による高濃度汚染が認められました。富山県は三井に鉱毒防止設備を要請し、神岡鉱山は一九三二（昭和七）年に増谷堆積場の建設を開始しました。

しかし、一九三六（昭和一一）年に増水時に鹿間谷堆積場が決壊しました。一九三七（昭和一二）年～四五（昭和二〇）年の戦争下の増産体制で、廃滓は堆積場に運搬されず、河川に直接放流されました。さらに、一九四五（昭和二〇）年に豪雨で鹿間谷堆積場が決壊しました。

一方、一九四三（昭和一

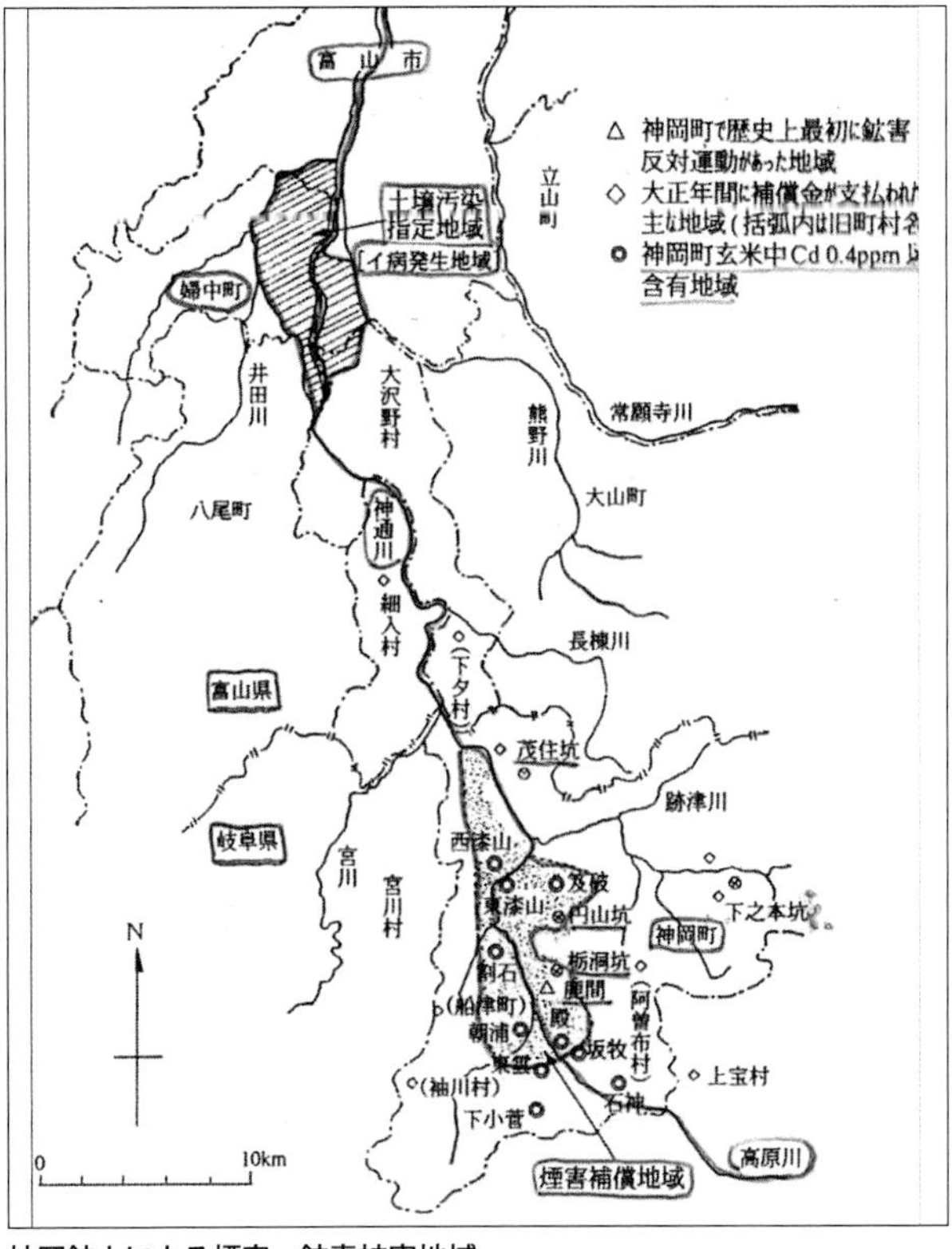

神岡鉱山による煙害・鉱毒被害地域

出所：倉知光夫・利根川治夫・畑明郎『三井資本とイタイイタイ病』大月書店、1979

八）年に農林省の小林純らは、神通川流域の鉱害被害調査を実施しました。富山県が調査した一九四〇（昭和一五）年～四二（昭和一七）年間の被害農地面積の割合が高い地域は、大沢野町、新保町および婦中町であり、イタイイタイ病患者の多発した地域でした。戦時体制下で神通川水を農業用水に使用している地域に限ってイタイイタイ病患者が多数発生しました。

一九二七（昭和二）年の全泥（ぜんでい）優先浮選法の導入以後、廃物の量的・質的変化に伴い蓄積されてきた病因が、この時期におけるカドミウムの摂取量の増大と相まってイタイイタイ病が起きたものと考えられます。

このあとは戦後の話になります。一九五〇（昭和二五）年の財閥解体により三井鉱山株式会社から金属部門が分離され、神岡鉱業株式会社が設立されました。対全国比、鉛鉱三

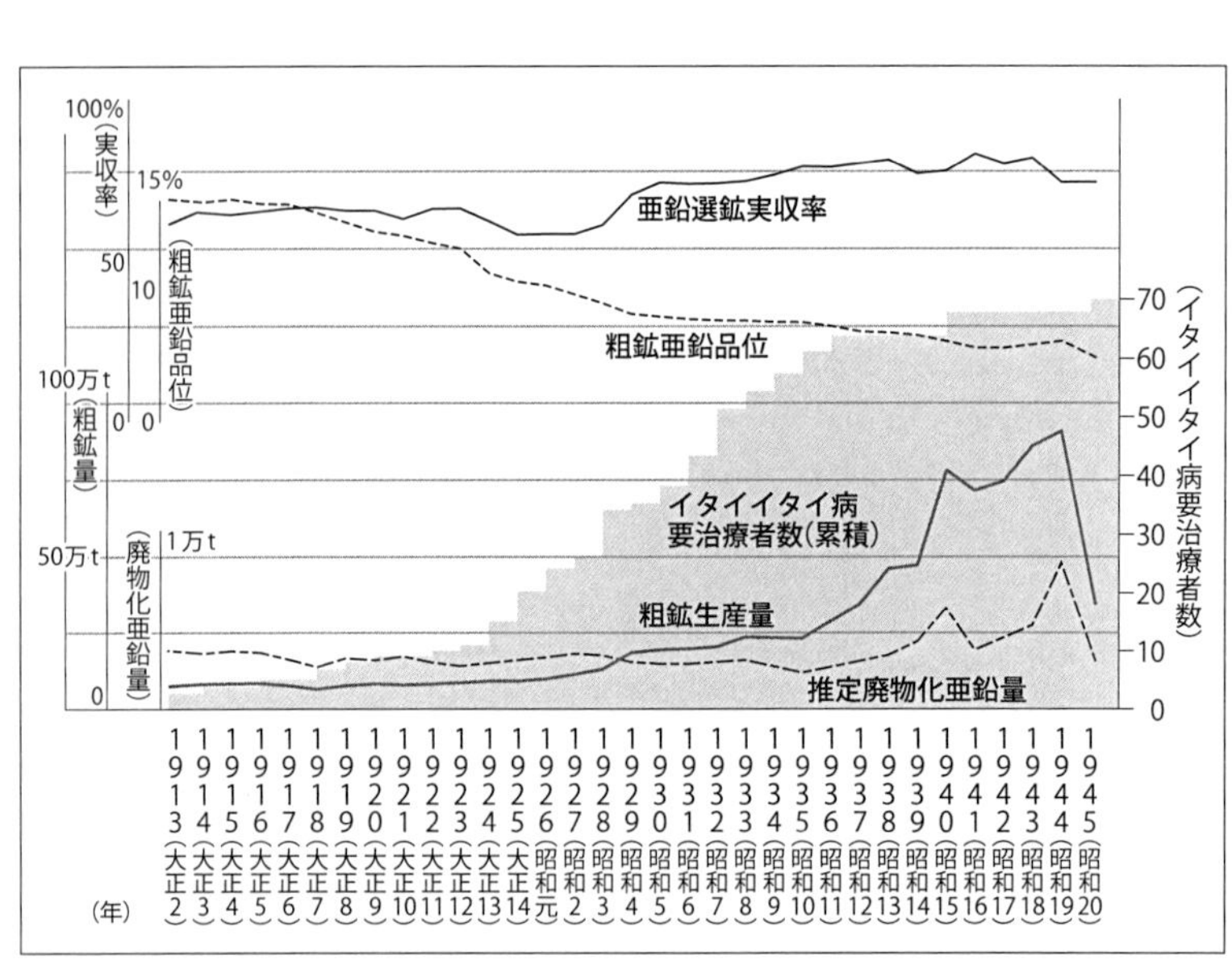

粗鉱生産量・推定廃物化亜鉛量およびイタイイタイ病要治療者数の推移

出所：倉知光夫・利根川治夫・畑明郎『三井資本とイタイイタイ病』大月書店、1979

八％、亜鉛鉱五九％、鉛製錬五五％、亜鉛製錬六二％を占め、鉛・亜鉛生産における三井の独占的地位は揺るぎませんでした。朝鮮戦争特需と亜鉛鉄板需要の急増で急成長を遂げ、「三井通産省」と呼ばれ、一九五二（昭和二七）年に社名を三井金属鉱業株式会社に変更しました。

戦後の鉛・亜鉛の需給を見ると、鉛の主用途は自動車用蓄電池であり、亜鉛の主用途は鉄鋼製品であり、自動車や家電製品の生産増大で増産しました。三井金属鉱業の戦後資本蓄積指標を見ますと、一九五〇（昭和二五）年と一九七五（昭和五〇）年を比較した場合、生産物で約一〇倍、従業員数で〇・七倍、売上高で二七倍、利益金で七・三倍です。大量採掘された鉛・亜鉛鉱を大量選鉱・製錬しました。大量選鉱により廃滓量が増大し、一九五四（昭和二九）年に和佐保堆積場を建設しましたが、一九五五（昭和三〇）年に決壊しました。神通川から流入した鉱毒は、水稲の発育を阻害し、減収をもたらし、一九五〇（昭和二五）年頃の被害面積は二三〇〇ヘクタールで減収見込量三〇〇〇石でした。神通川の漁業被害も一九四七（昭和二七）年頃から毎年ありました。

ここで三井金属鉱業の神岡鉱山とは何であったのか、簡単にまとめておきます。

まず、日本最大の金属鉱山であったということです。一六世紀末に銀・鉛・銅山として開発されましたが、明治以降に三井資本が進出し、鉛製錬を開始しました。一九〇五（明治三八）年頃から亜鉛鉱石の採取を開始、一九四三（昭和一八）年に亜鉛製錬工場を建設し、亜鉛やカドミウムの生産を開始、三井金属は亜鉛トップメーカーになりました。二〇〇一（平成一三）年に閉山し、粗鉱産出量は約七五〇〇万トンに達しました。現在は廃バッテリーを原料とする鉛リサイクル工場と、海外鉱と鉄鋼集塵灰による亜鉛製錬を継続しています。一九八三（昭和五八）年から東大カミオカンデ、一九九一（平成三）年からスーパーカミオカンデが坑内を利用していますが、有害なガドリニウム(Gd)を使用し、ハイパーカミオカンデ計画もあります。

なお、神岡鉱山の廃滓堆積場の現状について触れておきますと、一九五五(昭和三〇)年から使用中の最も大きな和佐保堆積場は計画容量が二七三一万立方メートルのうち、堆積容量が二六七七万立方メートルとなっています。鹿間谷堆積場は五〇〇万立方メートルの容量一杯となり、すでに使用を完了しています。また、増谷堆積場は計画容量七〇〇万立方メートルのうち、堆積容量は六〇〇万立方メートルとなっています。

次に、現代世界の鉱害問題について説明しておきます。

金属鉱業は、世界各地で大気汚染や水質汚濁を起こしています。カナダ、アメリカ、イギリス、ドイツなどの先進工業国の鉱山でも、重金属や廃棄物による水質汚濁や土壌汚染の被害が報告されています。南アメリカ、東アジア、アフリカなどの発展途上国の鉱山や製錬所では、環境規制が不十分であり、大気汚染や水質汚濁などが多発しています。これらの発展途上国の大規模な鉱山開発には、日本を含む欧米先進国の非鉄メジャーや多国籍企業が関与しており、開発企業の責任も問われます。

東アジア諸国の鉱業事情について少し説明しますと、東アジアでは、韓国・中国・フィリピン・インドネシア・マレーシアなどに鉱山が多く、日本企業による開発鉱山や製錬所もあります。たとえば、

和佐保堆積場ポンド尺八附近　畑明郎撮影

韓国の温山（おんさん）には銅・亜鉛、中国の金陵（きんりょう）には銅などが採れるほか、他の東アジア諸国でも銅・ニッケル・錫などの鉱山があります。

アジアで最も鉱山が多いのは、何と言っても中国です。中国では、ほとんどの金属が採れると言っても良いでしょう。中国南部には非鉄金属の鉱山があり、北部では石炭や鉄鉱石が採れます。最も生産量の多いのは銅で、黄河文明の時代から青銅器を作っていたように、銅鉱山が各地にあります。こうした鉱山からの鉱害も多く、たとえば、私が調査に行きました太宝山（たいほうざん）鉱山では、銅をはじめ、鉛・亜鉛・カドミウムが鉱山から河川水となって流下し、これらによる鉱害の影響で「がんの村」と言われているところがありますし、実際にイタイイタイ病の類似症状の患者さんもおられました。

さて、当然のことですが、経済活動（GDP）と金属消費量とは、密接な関係があり、鉄、アルミニウム、銅、鉛、亜鉛などの主要金属では、その傾向が顕著です。金属消費量が増加したのは、一八世紀の産業革命以降ですが、戦後の指数関数的な増加が著しいのです。

大規模な鉱石採掘は、金属資源の枯渇を招き、今後一〇〇年以上採掘可能な金属は、アルミニウム、クロムおよび白金族の三つしかないとされます。したがって、天然の金属鉱石を大切に使うとともに、一度使用した金属もできるだけリサイクルすることが

太宝山鉱山から垂れ流された赤泥水　畑明郎撮影

不可欠です。

一八三五(天保六)年、産業革命以後の主要金属の生産量を見ますと、特に戦後の朝鮮戦争以後は、鉄やアルミニウムの鉱石であるボーキサイト、銅、亜鉛などが多く採掘されています。しかし、いつかは鉱石が見つからなくなる可能性もあるわけです。

これからどうしたら良いかということになりますが、金、銀、銅、亜鉛、白金、鉄、アルミニウム、ニッケルなどの人体毒性が比較的弱い金属は、徹底的にリサイクルする必要があります。人体毒性が強いカドミウム、水銀、鉛、六価クロムなどは、EUが二〇〇六(平成一八)年から自動車や家電製品に使用を原則禁止するように、使用をやめて代替品を開発する必要があります。金属リサイクルに既存の鉱山や製錬所を活用すれば、地下資源の枯渇と重金属による環境汚染を防止できます。大量資源採取⇩大量生産⇩大量消費⇩大量廃棄⇩環境汚染という一方通行型の現代社会の物質フローを、資源循環型の持続可能な社会の物質フローに変える契機となります。現在の社会を「地下資源文明社会」という人もいますが、金属や石灰岩、石炭、石油などの地下資源が環境破壊に及ぼす影響が大きいわけです。土壌汚染や水質汚染、大気汚染など地下資源からの汚染を少なくしていく必要があります。

スウェーデンにおける各種金属の将来汚染ファクターのグラフを見ますと、最も汚染の影響が大きいのは、水銀、次いで鉛・銅・亜鉛・テルル・カドミウムなどと続いています。いずれにしても地下から取り出すものをできるだけ減らして地上だけで循環させていくようにしないと環境負荷が大きくなっていくと思います。

鉱石枯渇に伴い、鉱石品位が低下し、廃棄物鉱滓と金属生産に要するエネルギーも増加し、化石燃料の枯渇も加速します。金属リサイクルに要するエネルギーは、鉱石から金属を製錬するよりも少なく、省エネにもなります。地下から鉱石が採掘され、選鉱・製錬されて地上に出現した金属は、酸化物になるなど形を変えることがありますが、消えてなくなるわけではありません。使用後の金属を回収するリサイクル・システムの技術開発できれば、エネルギーは必要ですが、金属は地上で永遠に循環利用できます。しかし、金属リサイクルは、新たな資源とエネルギーを必要とし、環境問題の根本的な解決にならないので、地下資源採取を必要最小限にする必要があります。

金属鉱業は、四大鉱害事件、イタイイタイ病、重金属汚染などの公害を発生させました。東アジア、南アメリカ、アフリカなどの発展途上国の金属鉱業は、現在も環境破壊を起こしています。集塵装置や排煙脱硫装置による煙害の解決、神岡鉱山の排水対策の成功などから、金属鉱業と環境保全は両立可能です。金属資源枯渇を防ぐためには、資源生産性の向上、有用金属のリサイクル、有害金属の使用削減などが重要となります。

参考文献

（1）畑明郎『イタイイタイ病—発生源対策22年のあゆみ』実教出版、一九九四
（2）畑明郎『金属産業の技術と公害』アグネ技術センター、一九九七
（3）畑明郎「非鉄金属鉱業の公害」『まてりあ』第四五巻第四号、二〇〇六

第二回　足尾鉱毒事件からイタイイタイ病の歴史を見る
――イタイイタイ病学への自らの道しるべとして――

野村　剛

はじめに

日本の近現代史には、二つの大きな鉱毒事件が記録されています。今、私たちがこの連続自主講座で取り上げている「イタイイタイ病」発生に至る神岡鉱山のカドミウムによる鉱毒事件と、足尾鉱山の鉱毒事件です。この二つの鉱毒事件は、明治と昭和と時代も違い、発生の場所も富山と関東と違い、別のもののように見えます。しかし、これからお話しするように、鉱毒被害の始まりの時期も同じで、それを生み出した仕組みも、その被害に対して原因企業がとった行動も、とても似ています。みなさんと一緒に、二つの鉱毒事件の相違点と、類似点をもう少し具体的に見ていきましょう。私たちの立脚点は神岡鉱山の鉱毒事件でありイタイイタイ病ですが、今日の講座では力点は足尾鉱山におきます。もう一つ、充分な時間が取れませんが、足尾鉱毒事件にさまざまな形で関わった富山県の人物の紹介も行いたいと考えています。それらの視点もふくめて「足尾鉱毒事件とイタイイタイ病」の話におつきあいください。

さて、皆さん、足尾鉱山ってどこにあるかご存じですか。足尾鉱山の主たる鉱毒被害地は鉱山を流れ下る渡良瀬川（わたらせがわ）の流域、栃木・群馬の両県にまたがっていますが、足尾鉱山そのものは栃木県の日光の西横です。足尾鉱山もその被害地も我々の地から東南に位置し、はるかに離れた場所と思われがちですが、そうではありません。

足尾鉱山は、おおよそ北緯三六度三九分、東経一三九度二六分（栃木県日光市：今も現役の鉱滓堆積場の位置）。神岡鉱山は、おおよそ北緯三六度一九分、東経一三七度一九分です（岐阜県飛騨市：同様に現役の鉱滓堆積場の位置）。地図でご覧になればわかりますが、両鉱山はほぼ同緯度です。それどころか、わずかですが足尾鉱山の方が北にあるのです。足尾鉱山を流れ下る渡良瀬川が南流し東に方向を変え、現在の渡良瀬遊水地のところで利根川に合流するのに、神岡鉱山を流れ下る高原川は北流し富山県に入り神通川と名前を変え日本海に注ぎます。両被害地の「鉱山南東の関東平野と、鉱山北の日本海に面した平野」という位置関係が、両地をアルプスをはさんだ西北と東南の遠い地と感じさせているのでしょう。

ところで、神岡鉱山の鉱毒被害はカドミウムを原因とする「イタイイタイ病」すなわち人的被害ですが、足尾鉱山による鉱毒事件はどういうものだったのでしょう。皆さんが漠然と思っておられるのは、「足尾鉱毒事件は農作物被害である」ということだと思います。そうなのです、鉱山から流された銅を含む毒土のせいで米、麦といった農作物が大量にかつ何度も立ち枯れしてしまったというものです。神岡鉱山の鉱毒事件は重度の人的被害、足尾鉱毒事件は広範囲にわたる農業被害というイメージで語られることが多いと思います。しかし、さきほどの神岡鉱山と足尾鉱山の「位置」についてのイメージが、思い込みによるものであること、しかもそうした先入観や思い込みが事実を確認しようという気持ちを遠ざけていることを思い出し、ここでも先入観や思い込みから離れて、少し事件の真相や、さらには鉱毒事件がどのような自然科学的仕組みでおこったのか、またどのような社会の仕組みのなかで起こり、紛争が広範囲、長期に及んだのかに踏み込んでみたいと思います。

足尾鉱山の事例を取り上げていきますが、必要なところでは、神岡鉱山との共通点や相違点にもふれます。

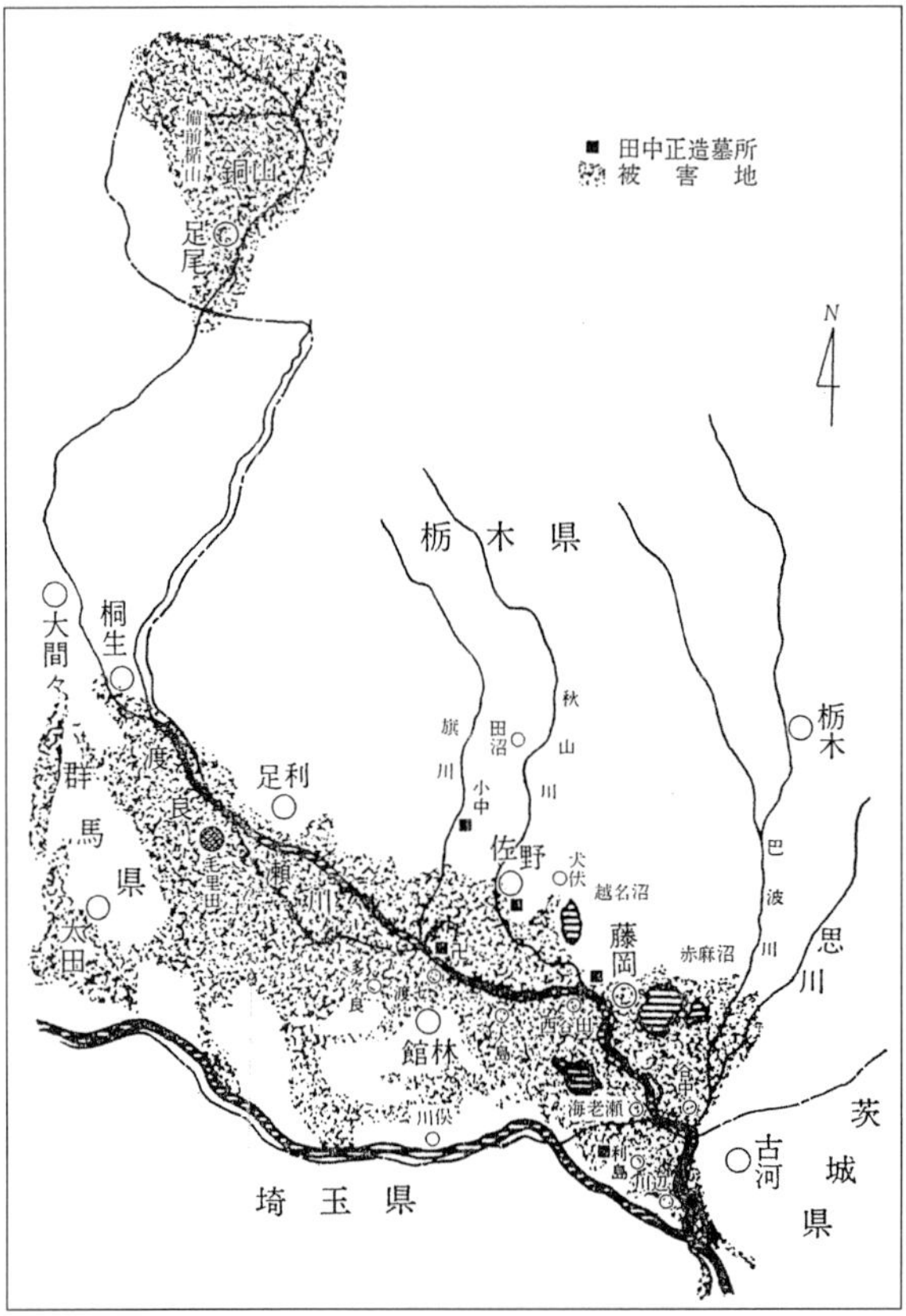

鉱毒被害地略図　　出所：『技術の社会史４』有斐閣、1962

鉱山の実態、工程と廃棄物

「鉱毒は天然の作用にて、下流に惨を来たす者にあらざること、換言すれば人工を加ふるにあらざれば、鉱毒を流逸せしむること能はざること……この捨て石は……故に大雨一朝来るあれば、昼夜にかかわらず人夫の非常召集を為して、鉄桿またはダイナマイトを以て崩壊し、渡良瀬川に投入するにあり。」省略して紹介しましたが、これは、荒畑寒村の『谷中村滅亡史』（一九〇七・明治四〇年）に引用されている当時の雑誌記事です。おぞましい惨状が活写されています。これは文明開化途上の明治時代ゆえの野蛮な行為だと思っては大間違いです。こちらの方はどうでしょう。

「戦時中、鹿間の選鉱場で働いていました。大雨が降ると真夜中、上司から命令が来るのです。今だ、廃滓を流せと。私はずぶ濡れになってスコップをふるいました。その頃、戦争中で潜水艦のバッテリーを増産するために、工場を大拡張、廃滓は貯まるばかりで捨て場もなかったのです。川はたちまち白く濁って流れていきました」。これは、神岡鉱山の地元の『朝日新聞岐阜版』に載ったものです。元従業員の告発投稿です（一九七二・昭和四八年一月六日付け）。昼間大っぴらにはできない鉱滓の不法投棄を、大雨に乗じ大量の人員を使って組織的におこなったものです。明治時代も昭和もまったく同じです。かり出された労働者にとっては逆らえない上司命令による雨中の非人道的被災的労働です。二つの鉱毒事件に共通するすべての犯罪性がここに語られているといってよいでしょう。この共通性はどこに起因するのでしょうか。

　そもそも「鉱業」とは、地中の資源鉱物を《人間様御用》の看板を立てて掘り出す行為です。足尾、神岡ともにそれらの鉱物資源は多様で両鉱山に共通のものが多くありますが、明治初期以降の採鉱の歴史の中で、鉱脈の特質に応じて、足尾は「銅」に、神岡は「亜鉛」に特化してゆきます。銅は、「黄銅鉱〔Chalcopyrite：$CuFeS_2$〕」、亜鉛は「閃亜鉛鉱〔Sphalerite：ZnS〕」に含まれますが、掘り出した鉱物からそれぞれに前述した化学式の硫化物結晶（分子）の固まりを取り出す作業が《選鉱》です。これらの結晶をこわして金属原子（足尾では「銅」を、神岡では「亜鉛」）を、できる限り純度の高い形で取り出す作業が《製錬》です。

《選鉱》の工程では、不用な岩石・鉱物が廃石・鉱滓として放出され、《製錬》の工程では、硫化物から金属原子を取り出されたあとの硫黄が気体の二酸化硫黄（亜硫酸ガス）として、その余のものが流動状の鉱滓として排出されます。足尾も神岡も、明治以降、作業の機械化、大量商品化といった近代化のなかで鉱毒要素を含む鉱滓・残滓を大量に工程外に放り出していたわけです。「鉱毒被害（公害）」が、公然化するのは理の当然です。

足尾鉱毒事件—運動の周辺に

足尾鉱毒事件の発生から今日にいたる経緯については、多くの研究書が世に出ていますので、ぜひ、ご覧になってください。今日の講座では、そうした経緯のなかから神岡鉱毒事件・イタイイタイ病との関連で注目したい点をいくつか拾いだして紹介します。まず、両鉱山の出発点から共通点があります。そこにあるのは「政商」という前期的商業資本（足尾では、古河市兵衛の古河資本、神岡では三井資本〔鉱業経営主体の企業名は折々に変更されるので、以下、「古河」「三井」と括弧付きの略称で使用〕）と、政商の守護神とさえ呼ばれた政治家の存在です。資本と政治はともに足らざるを補い合っていきます。この国内の二つの勢力に加わるのが、外貨獲得の手段でもあった鉱物に吸いついたジャーディン・マセソン商会などの外国資本です。「鉱山」をめぐるこうした社会勢力や権力構造が、鉱毒事件の背景にあったことをつねに念頭においてください。のちに「銅」や「亜鉛」が軍需物資になるにつれ、この権力構造はより強固なものになっていきます。

鉱毒被害は、まず鉱山付近の森林と川を破壊することから始まります。亜硫酸ガスは森をはげ山にし、農作物の桑を枯らすこと（養蚕被害）が始まり、水溶し土壌からしみ出した希硫酸やさまざまな重金属が鉱山付近の川から魚類を手始めに生命を奪っていきます。目的の金属が取り出されたあとの鉱物のカス（鉱滓）はそのまま廃棄され、あるいは流れるに任せる態の囲い地に捨て置かれます。生命体に広範に害を及ぼす鉱毒事件（大気汚染、水質汚染、土壌汚染）はすでに始まっているのです。

足尾鉱毒事件の推移については、なによりまず荒畑寒村の『谷中村滅亡史』という百年も前の古くて新しい、なんと二〇歳の青年が書いた本（「岩波文庫」で読めます）に就いて学んでください。ここでは、鉱毒被害とそれに反して立ち上がった民衆の運動のいくつかの波のうち、最大の農業被害のあった一八九六（明治二九）年の大洪水前後を中心に迫ってみます。いくつかのトピックの列挙になることをお許しください。

まず、一八九〇（明治二三）年の洪水によって、農業被害が広範に出てきます。帝大農科大学の古在（こざい）由直（よしなお）の調査後の直言「原因は銅にあり」と被害地の衆議院議員・田中正造の帝国議会（第二議会）での質問が、後の運動に連なっていきます。

政府は責任ある答弁を巧妙に逃げ、むしろ日清戦争期の戦時体制を利用して、僅少な一時金と引き換えに農民に被害請求権を放棄させる「古河」との示談契約の後押しをします。が、山の荒廃による崩壊土砂が河底の浅化を促進し、洪水は恒常化、広域化し、一八九六（明治二九）年、洪水被害は東京府を含む一府五県に及びます。農業被害は大規模で、翌年の農民の「押し出し」（政府のある東京へのデモ行進）に政府は驚き、田中正造はなんども議会で「鉱業停止」を求める演説を繰り返します。こうして、政府に「足尾鉱毒調査委員会」（第一次）が設置され、鉱毒予防工事命令が出されるにいたります。工事は完工されましたが、もとよりその場しのぎ的性格のものであったのでしょう、効果はあがらず、むしろ「古河」側に免罪符を与える役割をになっただけに終わりました。こうした動きの背景で留意しておきたいのは、二つのことです。一つは、被災地の農業生産力の高さと地主・自作農の行動力です。もちろん問題の最終解決につなげる力まではありませんでしたが、政商資本（跛行資本主義と跛行立憲主義の共生）に対峙する力の芽生えです。もう一つは、そこに、東京の都市民の共闘の動きが出てきたことです。そうした二つの動きを丹念に追って紹介しているのが詩人・金子光晴の弟・大鹿卓の『渡良瀬川』（一九四一・昭和一六年。現在、「河出文庫」で読めます）、前記の荒畑の本と併せて必読です。ここでは、なかでもユニークな存在であった津田仙のことだけ少し紹介しておきます。仙はもと幕臣で私立の「学農社農学校」を創設したキリスト者ですが、発行誌『農業雑誌』は自作農層にも広く読まれていましたし、田中正造、松村介石、高橋秀臣、樽井藤吉など同志と神田を中心に幾度も鉱毒講演会を開き都市民に情報を伝える役割を担っています。しかも注目に値するのは、アメリカで写真を学んだ息子に被害地の惨状を撮らせ、講演会で「幻灯上演」をしていることです。さらに、同じ幕臣で当時の農商務相（担当大臣）であった榎本武揚を執拗に説き同伴で現地視察を行わせています。（なお、『鉱毒地の惨状』を著わした婦人矯風会の松本英子(えいこ)は津田仙のもとで学んだ女性です)。なお、こうした都市の思想家たちの動きに協働していたのが、富山県人の稲垣示(いながきしめす)であったことは、あとで少し紹介します。

「古河」の側と農民の闘いは、鉱業停止を求める農民の数回にわたる「押し出し」の断行も警察力に阻止され、田中正造の議員辞職と天皇直訴未遂の末、効き目のない鉱毒予防工事から「古河」側からの「鉱業非停止陳情」まで出てくる流れの中で、本質的な問題解決に向かわず、「谷中村遊水地計画」へと曲折していくことになります。

こうして足尾鉱毒事件は、足尾鉱山の労働者暴動(一九〇七・明治四〇年二月四日から七日)と谷中村の強制破壊(同年六月二九日から七月五日)という混迷のなかで明治期に一つの終結を迎えます。一方、谷中村入りした田中正造はここに拠点を置き自らを「谷中学初級生(やなかがく)」と呼び山河を跋渉(ばっしょう)し、自然と人間の共生に思索を深めていきます。

麦田の被害　津田次郎撮影　　出所：青年同志鉱毒調査会『足尾鉱毒惨状画報』、1901

悲命死者—足尾鉱毒事件の人的被害

こうした農民と「古河」との闘いを追っていくと、もっと具体的なことを知りたいという思いがいくつも湧いてきます。ここでは、農民と田中正造の運動のなかで出されてきた「悲命の死者」という言葉と考え方に着目し、取り上げます。この講演の最初に足尾鉱毒事件を「大規模な農業被害」とする考え方を紹介しましたが、足尾の鉱毒は森林破壊、魚類、農作物被害に及んだだけではありませんでした。荒畑寒村が『谷中村滅亡史』で「全国無害の地に比すれば、他国において生まれる者六にて死する者二なるに、毒気激甚の地に至りては、生者二にして死者六なり。しかも生者の二すら、毒を飲み、毒を喰い、やがては毒に死すべき薄幸の人なり」と指摘しています。足尾鉱山の鉱毒事件史で、今まであまり正面から論じられてこなかった人的被害に、我々神岡鉱山の人的被害の地からメスをいれることが求められているように思うのです。ここでは、私自身未消化なので、足尾鉱毒事件の「悲命死者」という問題を資料の紹介によって指摘しておきたいと思います。足尾鉱毒事件の人的被害の実態を、皆さんからご教示を得て、「重金属被害」、「イタイイタイ病学」の一つの問題として正面から考えてみたいのです。

田中正造は、鉱毒による乳児死亡者と一般死亡者を〝悲命ノ死者〟と呼び、農民に調査を呼びかけ二度の『足尾銅山鉱毒被害地　出生、死者、調査統計報告書』によるその数（一〇六四人）を請願出京（第四次押し出し）の人数とするよう示唆しています。この統計がどのように行われ、その数（死亡者数など）はどのように確定されたのか。私が見ることのできた資料からは、その辺りがはっきりとしないのが残念です。また左部（さとり）彦次郎は、『鉱毒ト人命』（一九〇三・明治三六年）で入沢達吉ら医学者の所見を紹介していますが、とりわけ帝大医科大学・林春雄の所説は重要だと思われます。林春雄は、「銅」だけが鉱毒の原因物質とされているなかで、人的被害は、銅に加え、ヒ素・鉛・亜鉛などによる慢性中毒であることを指摘しています。カドミウムが原因物質としてはまったく浮上していなかった時点ですが、林がヒ素や亜鉛などに注目し、広く原因物質を探ろうとしていたことは注目に値すると思われるのです。(『足尾銅山鉱毒被害地　出生、死者、調査統計第二回報告書』(同年)、左部彦次郎『鉱毒ト人命』(一九〇三・明治三六年)。これらは、内水護編『資料足尾鉱毒事件』(一九七一・昭和四六年・亜紀書房)に再録されています。その解説も重要です)。

富山県人と足尾鉱毒事件

足尾鉱毒事の被害状況や農民らの運動は、鉱山の地・神岡や汚染被害の地・富山にどのように伝えられていたのでしょうか。さきほどお話ししましたように、富山県人では稲垣示が、田中正造の同僚の衆議院議員として、また議員に立候補しなかった時期にも、東京での有志の鉱毒事件運動に関わりをもっていました。田中正造の先ほどの悲命者に関わる質問(帝国議会：一八九九・明治三二年第一三議会)の連名提出者にもなっていますし、同志の「協同親和会」や「鉱毒問題解決期成同盟」に参画しています。富山で稲垣示が知られているのは、議会開設前の自由民権運動の闘士としての活動ですが、彼の行動範囲と知見はもっと広いものでした。惜しいことに稲垣示は、正造の直訴事件の翌年、友人の選挙応援にかけつけた富山で五二歳の若さで急死しています。私は、稲垣が神岡鉱山の鉱毒事件が顕在化してきた折に存命であれば、その見聞と経験を活かし農民の運動に力を貸し、さらに原因究明や原因企業との交渉にも早期に乗り出したのではないか、鉱毒がイタイイタイ病というここまでも悲惨な人的被害にいたることを回避する道を全経験を生かして模索し実践したのではないかと考えています。また、活動の同志で運動の法律マニュアルともいうべき『鉱毒事件と現行法令論』（一九〇二・明治三五年）を書いた愛媛県人・高橋秀臣の『北陸タイムス』主筆時代の活動がどのようなものであったかは未調査のままです。この期にやはり衆議院議員で田中正造とも面識のあった金岡又左衛門の東京や富山での具体的活動ももっと知られてよいと思います。

稲垣示
出所：『稲垣示翁』稲垣示歿後一一〇年記念事業実行委員会、2013

神岡鉱山の鉱毒被害が明らかになり始めた時期の『北陸政報』の記事を紹介しますが、新聞の創刊者（当初は、『北陸公論』）稲垣示の足尾鉱毒事件の関わりを知らない記者の執筆によるようなのが残念です。「我が越中の大河川たる神通川が恐るべき鉱毒の為に将（ま）さに侵犯されんとしつつあることは、我輩の屡々（しばしば）耳にしたる所なり…鉱毒の恐るべきことは天下既に其事実に乏しからざる所、足尾の如き既に天下の耳目を聳動（しょうどう）せし所にして、紛争に紛争を極めて其解決未だ完全に就かず」（『北陸政報』一九一一・明治四四年五月三日付け）。

足尾鉱山の労働者（渡り坑夫）に富山県出身者が多かったことや、足尾鉱山の労働争議の指導者の一人で八尾の出身であった林小太郎のこともしっかり覚えておきたいことです。

足尾のカドミウム公害

もう一点、今日の講座で語っておきたいのは、足尾鉱山に起因する流域のカドミウム被害です。

足尾鉱毒問題が農業被害だけでなく人的被害を伴っていたこと、その原因が銅だけではなく鉱山由来の他の重金属にある可能性が明治期にすでに指摘されていたこともお伝えしました。黄銅鉱、閃亜鉛鉱の結晶構造は似ていて、とりわけ閃亜鉛鉱中の亜鉛がカドミウムにとって変わられる可能性があるのですが、多様な鉱物資源の鉱脈を有する足尾鉱山では、こうしたことが現実にカドミウムの存在によって証される事態が、一九五〇年代の足尾から流れ出る渡良瀬川の右沿岸で起こりました。鉱滓をためてあった源五郎沢堆積場の崩壊を機に、六〇〇〇ヘクタールに及ぶ鉱毒被害がおこったのです。一九五三（昭和二八）年三月のことです。群馬県の毛里田村（現・太田市）に「渡良瀬川鉱毒絶滅期成同盟」が結成されます（一九五八・昭和三三年七月）。そして神通川流域のカドミウム被害者が「三井」に損害賠償を提起し、厚生省がイタイイタイ病をカドミウムの慢性中毒と認定した一九六八（昭和四三）年の三年後の一九七一（昭和四六）年二月に、毛里田地区の産出米からカドミウムが検出されるのです。経緯を、イタイイタイ病関連を〔イ〕、群馬県毛里田地区の動きを〔毛〕として、時系列に列挙してみます。

一九六八（昭和四三）年　三月九日
　イ＝イタイイタイ病被害者、三井金属鉱業に損害賠償提訴
一九六八（昭和四三）年　五月八日
　イ＝厚生省がイタイイタイ病をカドミウム慢性中毒と認定

一九七一（昭和四六）年　二月
　毛＝毛里田地区産出米からカドミウム検出
一九七一（昭和四六）年　六月三〇日
　イ＝原告全面勝訴／富山地裁
一九七二（昭和四七）年　三月三十一日
　毛＝中央公害審査会に調停申請
一九七二（昭和四七）年　八月九日
　イ＝控訴審で原告完全勝訴→公害防止協定締結
一九七三（昭和四八）年　四月十二日
　毛＝群馬県「渡良瀬川カドミウム汚染の原因者は古河鉱業」と公表
一九七三（昭和四八）年　五月十一日
　毛＝調停成立し減収補償金→公害防止協定締結

このように、足尾でのカドミウム闘争が、イタイイタイ病の訴訟と同時進行で行われていたことは、ほとんど知られていません。我々は、足尾鉱毒事件の歴史を知り、そこから学ぶことがたくさんあるのではないでしょうか。なお、渡良瀬川流域でなぜこの地区だけカドミウムが検出されたのか。土地の勾配、用水の使い方に神通川流域のカドミウム汚染地域と共通の点があるように私には思われるのですが、この点も専門的な考究の必要な点だと思います。

足尾鉱山は、一九七三（昭和四八）年二月末に閉山し、一九八九（昭和六四）年に操業を停止しました。

一方、神岡鉱山は、二〇〇一（平成一三）年六月に採掘を中止しました。

こうした動きが、問題の終着点でないことは言うまでもありません。「古河」「三井」の後始末の山や森、農地の復元が税金も投入してつづく一方、今も大量の鉱滓がためられ堆積場が足尾にも神岡にも無責任に温存されています。そういう事実から目をそらすことなく、今もカドミウムの被害に苦しむ人とともに我々はありたいと思っています。

最後に

足尾鉱毒事件の人命被害の語「悲命」に通じる萩野昇医師の「ミゼラブル」ということばを紹介したいと思います。

「イタイイタイ病との闘いは昭和二一年、私が中国から帰りましてから今日まで続いております。私がこの病気を初めて見たときに、ミゼラブルという言葉はこのために作られたのではないかという気がしました。」（萩野昇「イタイイタイ病の研究からみた人権と差別」（一九八八・昭和六三年の富山大学講演より））。

今日は、田中正造のことを充分に紹介できませんでしたが、跛行（はこう）資本主義と跛行立憲主義に憲法の「人権」を対置（正置）した彼のことばを紹介して、きょうの講座を終えたいと思います。

〝真の文明は山を荒さず、
川を荒さず、村を荒さず、
人を殺さざるべし〟

第三回　イタイイタイ病はこの国のすべての戦争を見てきた

――イタイイタイ病と戦争――

向井嘉之

Ｇ７広島サミットが本日、最終日を迎え、核軍縮から核なき世界へとＧ七首脳による話し合いが行われています。ウクライナのゼレンスキー大統領も来日、戦争をキーワードに歴史は大きな転換点を迎えています。

戦争の一番の犠牲者は何でしょうか。よく言われるように戦争の犠牲者はまず真実であり、そして民衆です。イタイイタイ病はまさしくその戦争による犠牲者ではないかと思います。きょうのお話のテーマは全国の数ある鉱山の中で、なぜ神岡鉱山がイタイイタイ病という甚大な被害をもたらすことになったのかという、素朴な疑問に答えることにあります。日本の近代化一五〇年の歴史における戦争を調べてみて、イタイイタイ病と戦争との関連についてご報告したいと思います。私自身のことになりますが、私は太平洋戦争最中の一九四三（昭和一八）年、東京生まれで、一九四五（昭和二〇）年三月の東京大空襲に遭遇、福井県の敦賀に避難しましたが、この年の七月に日本海側初の敦賀空襲でも焼け出され、富山県に落ち着きました。幼いながら戦争の体験者と言っていいかもしれません。大学を出て就職をしたのがたまたま富山県のローカル局、北日本放送でしたが、入社した初めての年、一九六六（昭和四一）年にちょうどイタイイタイ病の患者さんや地域の人達が「このまま黙っているわけにいかない」ということで、イタイイタイ病対策協議会という被害者団体を設立されました。その取材をさせていただいたのがきっかけで、イタイイタイ病の患者さんと出会うことになり、私には忘れられない報道の原点になりました。のちにイタイイタイ病訴訟の原告患者筆頭となられた小松みよさんともその頃にお会いし、以後二〇年間、おつきあいをさせていただきました。

ここまで簡単にイタイイタイ病との出会いについてお話しましたが、ここから本論に入っていきます。

イタイイタイ病の原因となったカドミウムは神岡鉱山から排出され、高原川から神通川に入り、農地の灌漑(かんがい)に用水を利用していた富山市や婦中町(現・富山市)、大沢野町(現・富山市)に毒水をもたらしました。神岡鉱山はご存知のように、富山市から五〇キロ、岐阜県の飛弾山中にあります。神岡鉱山の麓の町・神岡は、現在はおそらく人口が一万を切るやや寂しい町ですが、かつては昭和三〇年代には人口が三万に迫ろうかという時代もありました。その頃神岡にはメディアのほとんどの支局があったといわれます。

さて、神岡鉱山は一六世紀には銀山として開発が始まり、江戸時代には金・銀をはじめ銅・鉛の産出で活気を呈しました。そして近代に入り、東洋一と呼ばれる鉱山都市になったのですが、この明治初めころ、全国各地にはいくつかの大鉱山がありました。例えば、秋田の小坂鉱山、関東の足尾鉱山、四国の別子(べっし)鉱山、日立鉱山や尾去沢(おさりざわ)鉱山(秋田)などです。これらは五大鉱山と言われ、当時日本を代表する鉱山でしたが、明治の頃にはいずれも銅の生産が主体で銅山として海外への輸出にも貢献していました。もちろん、他の鉛や銀なども採掘しましたが、銅山として政商が経営にあたりました。

ところが神岡鉱山はこれらの銅山と違い、後に亜鉛が主力生産となりました。日露戦争の終わり頃から西欧の亜鉛技術を取得し、亜鉛鉱山として活気を帯びていったのです。神岡鉱山の経営を担ったのが三井組でした。三井組は江戸時代、呉服商や両替商をしていましたが、先ほど説明しました五大鉱山と同じように大政商として明治時代になってからもその資本力で神岡鉱山の経営を担うことになったのです。

　ところでイタイイタイ病の原因となるカドミウムは皆さんご存知のように、亜鉛鉱の中に含まれます。亜鉛鉱は鉛と兄弟のようなもので相伴って産出されます。もちろん、鉛以外に金・銀・銅などを随伴して産出されることもありますが、一般的に日本の亜鉛鉱山は閃亜鉛鉱が主で、その鉱物の主成分は亜鉛と硫黄でその中に少量のカドミウムが存在します。カドミウムの含有量は一般的には一％ですが、神岡鉱山では二〇〇分の一のカドミウム含有量です。

　ではこうした亜鉛を産出する鉱山は神岡だけだったのかというとそうではなく、例えば、秋田の花岡鉱山とか、北海道の豊羽鉱山とかいくつかありますが、亜鉛の生産量は神岡鉱山に比べて極めて少なく、神岡が群を抜いて規模が大きかったわけです。

　整理して申し上げますと、日本の近代の始まりである明治時代の大鉱山は銅を中心とする五大鉱山と亜鉛が主力の神岡鉱山を加えた六大鉱山が要で、これらの鉱山はいずれも当時の大政商、つまり大財閥の資本力を中心に明治政府のバックアップを受けて鉱山経営を行ってきたということになります。富国強兵、殖産興業を政策の大方針とする明治新政府にとっては、重工業、軍事部門につながる鉱山経営などは実に重要な関連産業でした。

　資料にお示しした「神岡鉱山の亜鉛出鉱量の推移」をご覧ください。このグラフは明治から現代ま

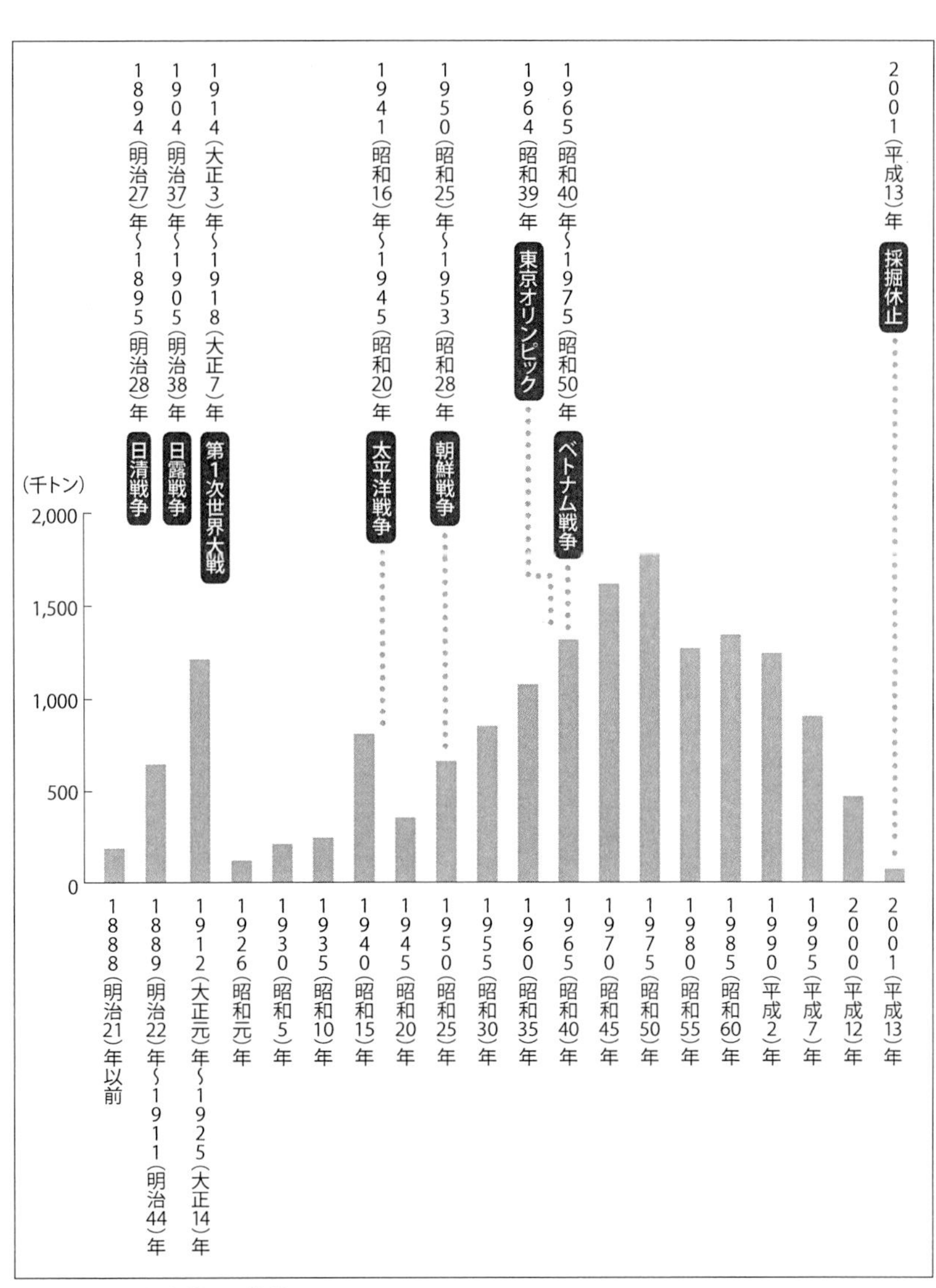

神岡鉱山の亜鉛出鉱量の推移

出所：向井嘉之『イタイイタイ病と戦争』2020

で、神岡鉱山のこの間の亜鉛生産推移を日本が何らかの形でかかわった戦争との関係で表したものです。太平洋戦争以前は日清戦争・日露戦争・第一次世界大戦・日中戦争・太平洋戦争とほぼ一〇年ごとに日本は戦争を行ってきました。ですからこの時に神岡鉱山の亜鉛出鉱量は増加し、戦争と神岡鉱山の関係が一目瞭然です。戦後の朝鮮戦争・ベトナム戦争は間接的ですが、日本は両戦争に関わっています。実は太平洋戦争終戦から五年後の一九五〇（昭和二五）年、アメリカ人、J・B・コーヘンによって著された『戦時戦後の日本経済』序文冒頭、当時の太平洋問題調査会国際調査委員長であったB・G・サンソムは日本を「一好戦国家」[1]と切り捨てています。戦前の日本はそれほど頻繁に戦争を行っていたことに愕然とする思いです。

それでは日本の近代化とともに神岡鉱山に進出した三井財閥との関係を順を追ってみていきましょう。

神岡鉱山はもともと地元神岡や飛騨・高山の鉱業人が採掘の権利を持っていましたが、一八七四（明治七）年、初めて神岡鉱山に進出、明治政府の後押しで次第に鉱区を拡げていきます。当初は鉱業人と三井組との間で激しい対立がありましたが、過去の文献を調べると、政府の鉱山局や鉱業許可権をにぎる岐阜県令（現在の岐阜県知事のような存在）が三井と会談し、法外な価格で鉱山の買収を決め、中には酒一升、塩マス一本でヤマをとられた地元の鉱業人もいたようです。三井組はやがて井上馨を筆頭とする大蔵省などの後押しも得て、次第に鉱区を拡げ、一八八九（明治二二）年には神岡鉱山全山の鉱業権を取得しています。この間、三井組は江戸時代からの組織力と資本力を駆使し、一八七六（明治九）年には三井銀行と三井物産を創立し、金融資本と商業資本が一体となった政商型財閥へのしあがりました。

それに神岡鉱山の経営や九州での石炭産業を加えた鉱山業への進出という、国策推進に邁進していくのです。特に三井物産は一八七七（明治一〇）年にまず上海に支店を開設するなど、アジアを手始めにアメリカやヨーロッパに支店網を拡充し、日本の対外進出を国家に先駆けて行っていきました。

その頃の世界はイギリスやフランス、ドイツなどヨーロッパ列強の時代で、アジアへの進出の機を伺っていた頃です。

一方、「殖産興業」とともに明治近代化のもうひとつの柱である「富国強兵」策のもとに、日本は、一八九四（明治二七）年の日清戦争を迎えようとしていました。日清戦争は日本の近代において初めて経験した本格的な対外戦争です。戦争のきっかけは清との間における朝鮮に対する支配権でした。日本は、欧米の先進技術を取り入れながら産業の近代化を急ぐ一方、軍事力を増強すべく、富国強兵策を進めていましたが、明治維新や西南戦争などでの実戦経験を活かし清国を圧倒しました。

この日清戦争に日本軍の手足となって全面的に協力したのが三井物産です。とにかく三井財閥は、明治新政府に最初から力を貸し、国家政策と一体となった動きで利権を獲得しようとしていましたから、日清戦争では文字通り尖兵となって、三井物産が持っていた所有船六隻を政府に軍用として提供しました。戦争をやるためには強力な資本も必要でしたから三井財閥も全力をあげたのです。朝鮮半島は当時、清やロシアが植民地にしようとねらっていたのですが、日本も朝鮮半島にねらいを定めていましたので、その利権をめぐって激突しました。この戦争では神岡鉱山からは武器などを製造するために鉛などを中心に需要が急増していきました。前述しましたように鉛には亜鉛も同時に産出されますが、当時はまだ亜鉛の需要がなく、亜鉛利用の技術も知らなかったので、鉛採取のじゃま者扱いされ、近くの高原川へ捨てられていました。もちろん亜鉛鉱にはカドミウムを含有したままです。ですから、いってみればこの戦争が「イタイイタイ病の導火線」になるのです。

ただ、ここで驚くのはこの頃からもうすでに神岡鉱山からの煙害や農漁業への被害が発生していたのです。神岡周辺では飲料水、用水のほかに山林などにも被害が出ていますし、富山県内の新聞は神通川の鉱害被害、主に農業被害について報じています。

日清戦争から一〇年が経つか経たないうちに始まったのが日露戦争です。日本が清を破り、朝鮮半島に影響を及ぼし始めたのを見て、ロシアは朝鮮半島や中国の満州（中国・東北地区）の利権をかけて日本との戦いが始まりました。とんでもないことですが、当時の大国であった清に続いて日本はロシアとの戦争を始めたのです。二年にわたった戦争で日本は連合艦隊が日本海海戦でロシアのバルチック艦隊を撃沈するという、日本の戦争史でも特筆できるような戦果をあげて勝利しました。勝利といっても実はこの戦争の仲介に入ったのがアメリカのルーズベルト大統領で、アメリカのポーツマスで講話条約を結ばせ、日本に極めて有利な裁定をしました。すなわち、朝鮮半島における日本の権益の承認、中国・遼東半島南部の租借権を日本に譲歩、中国の長春―旅順間の鉄道などの利権を日本に、そして南樺太の日本への割譲など、日本の大勝利を錯覚させるような裁定でした。

日露戦争時における問題はこの時期に二つの大きな変化が神岡鉱山にあったということです。まず鉛の需要増です。鉛は当然、戦争には必要ですから生産量が増えるのですが、日露戦争の勃発時には全国比が七〇％を超えています。もう一つの変化はそれまで製錬の時にじゃまになるので事前に放棄されていた亜鉛鉱がヨーロッパからの新技術導入により、利用可能になったことで、軍需および鉄鋼業向けに亜鉛鉱石の採取が行われるようになったことです。これは大きな変化です。わかりやすく整理すると、日露戦争はまず軍需用の鉛需要を増大させたこと、そして亜鉛採取の新技術導入により、軍需ほかへの需要増に対応するため、亜鉛そのものの増産体制が組まれていったことです。ただ、どちらにしても全く不要とされたカドミウムが最終的に高原川へ捨てられたことに変わりはありません。

ですから亜鉛の活用が可能になり、輸出もするようになったことは神岡鉱山の大きなターニングポイントになったと言えます。

亜鉛鉱の登場で神岡鉱山は主要生産物が変わり始め、亜鉛は神岡鉱山活況の象徴となっていきます。増産に対応する鉱夫たちも増員され、岐阜・富山・石川などからの鉱夫が多く、特に女性は富山県が最も多く、次いで岐阜・石川・新潟などとなっています。この頃、神岡鉱山の地元、神岡の船津(ふなつ)町では「三井さま」という言葉が使われるくらいに、鉱山で働くというのが目標というか、夢になり、子どもたちも勉強なんかしなくてもよいと言われるくらいになりました。[2]つまり馬車馬のように働けばいいので学問は不要と言われるくらいになりました。鉱山の町に生きる人々にとって地元の繁栄は三井あってのものという意識が強くなったようです。

資料に明治期の銀・鉛・亜鉛の年間生産量のグラフを入れましたが、日露戦争の一九〇四(明治三七)年～一九〇五(明治三八)年頃から亜鉛の生産量が急激に伸びていることがわかります。

こうした日露戦争直後からの亜鉛鉱の急激な採掘とその不要物であるカドミウムを高原川にどんどん捨てるというずさんな処理は、後の農漁業被害にとどまらず、今から考えるとイタイイタイ病という恐るべき人間被害を増幅する元凶になっていったのではないかと推測できます。実際、後に厚生省（当時）環境衛生局公害部公害課がまとめたイタイイタイ病要治療者の発病推定年次でも一九一一（明治四四）年頃に最初のイタイイタイ病患者が発生したのではないかと推定しています。一般的にはカドミウムは曝露三〇年で発病に至ると言われます。曝露というのは化学物質などに生体がさらされることを言いますが、考えてみますと、神岡鉱山のカドミウムを含んだ亜鉛などの夾雑物は、一八七四（明治七）年に神岡に進出しはじめた三井組が、一八八九（明治二二）年頃に神岡鉱山全山を取得する頃あたりから高原川に流されているわけで、曝露三〇年と無縁と言い切れない気もします。

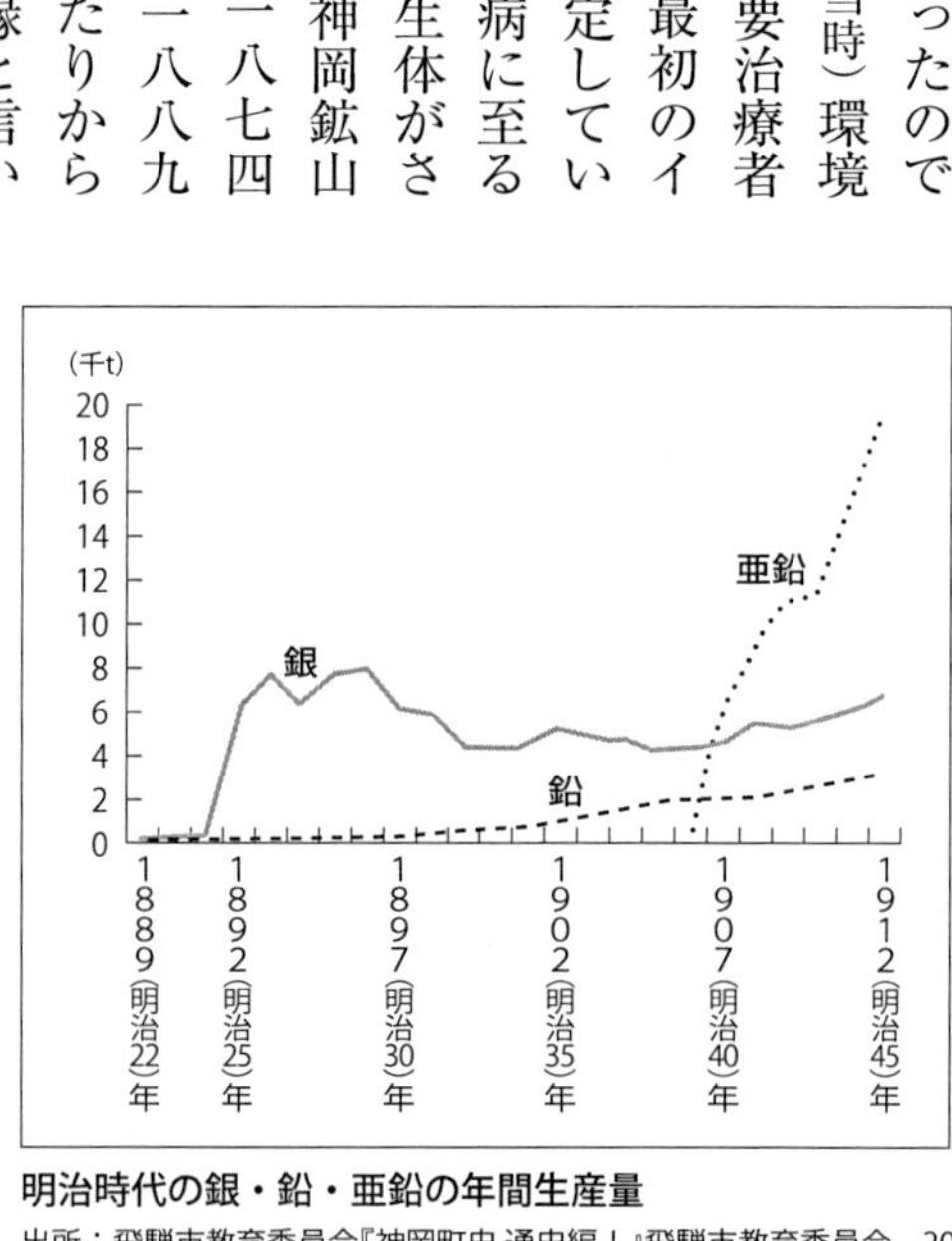

明治時代の銀・鉛・亜鉛の年間生産量

出所：飛騨市教育委員会『神岡町史 通史編Ⅰ』飛騨市教育委員会、2009

そして日露戦争からさらに一〇年後、第一次世界大戦が勃発します。第一次世界大戦というと日本から遠いヨーロッパでの戦いですからあまりなじみがないかもしれません。一九一四（大正三）年に始まった第一次世界大戦は、ドイツ・オーストリア・イタリアを中心とする三国同盟側と、もう一方はイギリス・フランス・ロシアを中心とする三国協商（連合国）側の戦いです。日本は日英同盟を結んでおりましたので、三国協商側に間接的に参戦、アメリカも少し遅れて一九一七（大正六）年、三国協商側に加勢します。第一次世界大戦は一九一八（大正七）年まで四年半という長きにわたる戦いでしたが、この大戦で歴史的によく話題になるのは、戦争そのものより、スペイン風邪というパンデミックです。

この大戦の終わり頃、アメリカの軍隊から罹患者が出始め、ヨーロッパで蔓延（まんえん）、世界に飛び火したパンデミック、つまり世界的大流行のウイルス病でした。戦争で亡くなった人よりパンデミックによる死者が多いのではないかとも言われていますが、世界で五〇〇〇万人が亡くなり、日本でも四〇万人、富山県では六〇〇〇人近くの人が命を落とした、もちろんコロナ以上のパンデミックでした。第一次大戦も最終的にはこのパンデミックが終戦に導いたとも言われています。富山県では大戦の終わり頃、米騒動が相次いで発生し、全国に広がったこともよく知られています。

この第一次世界大戦下、イタイイタイ病にとっての最大の問題は、亜鉛に対する海外から日本への需要が急上昇したことです。日本経済にしてみれば、逆の表現になりますが、まさに天佑（てんゆう）、天の助け、つまり海外からの需要が一気に高まるということは神岡鉱山を中心に亜鉛の輸出が増えることにつながります。なぜこういうことになったかというと、もともと亜鉛の取れるヨーロッパ諸国は足元の戦線の対応に追われ、軍需物資の亜鉛が足りなくなったので日本に助けを求めてきました。特に連合国のイギリス・フランス・ロシアからは武器の注文が殺到し、亜鉛プラス武器の輸出に日本は追われました。この輸出では三井物産も大儲けし、神岡鉱山はわが国最大の亜鉛鉱山としての独占的地位を確立するという、まさに三井財閥の確立期になりました。

ちなみに皆さん、亜鉛というとどういう金属かなかなかなじみがないと思いますが、亜鉛は鉄・アルミ・銅に次いで消費量の多い金属と思ってください。しかし、鉄やアルミのような主役ではなく、なかなか姿が見えない、いわば脇役として使われます。具体的に言いますと、亜鉛の用途はまずさび止めとしてのメッキ、鋳造品に加工しやすいためにダイカスト、あるいは他の金属との合金などに使用されます。メッキというのは特に車両や航空機、武器とか用途は多様で、鋼材などには必須です。

第一次大戦の頃の神岡鉱山の生産量を資料で見てみましょう。

このグラフでわかるように第一次大戦が始まる頃から亜鉛の需要が急激に伸びています。ただここで私たちが忘れてはいけないのはこれだけ多くの亜鉛の産出とそれに伴うとてつもない神岡鉱山の利益は、すなわち、カドミウムを含んだ毒水を下流の神通川流域に流し込んでいたことにほかならないということです。当然のことながら、神岡鉱山の麓では神岡鉱山製錬所からの煙によって附近の山林や養蚕業がやられるやら、高原川にも被害が及ぶやらで神岡では住民集会が開かれ、製錬所の撤廃が要求されるという一大反対運動も起きました。富山県でも煙害で山林田畑はやられるし、神通川流域では当時の大沢野村、大久保町、新保村ほかで鉱毒のため、稲がやられる被害が次々と起きました。もちろん富山県側では鉱毒から田畑を守るための施設設置を求める運動を起こしましたが、公害防止設備の充実は相

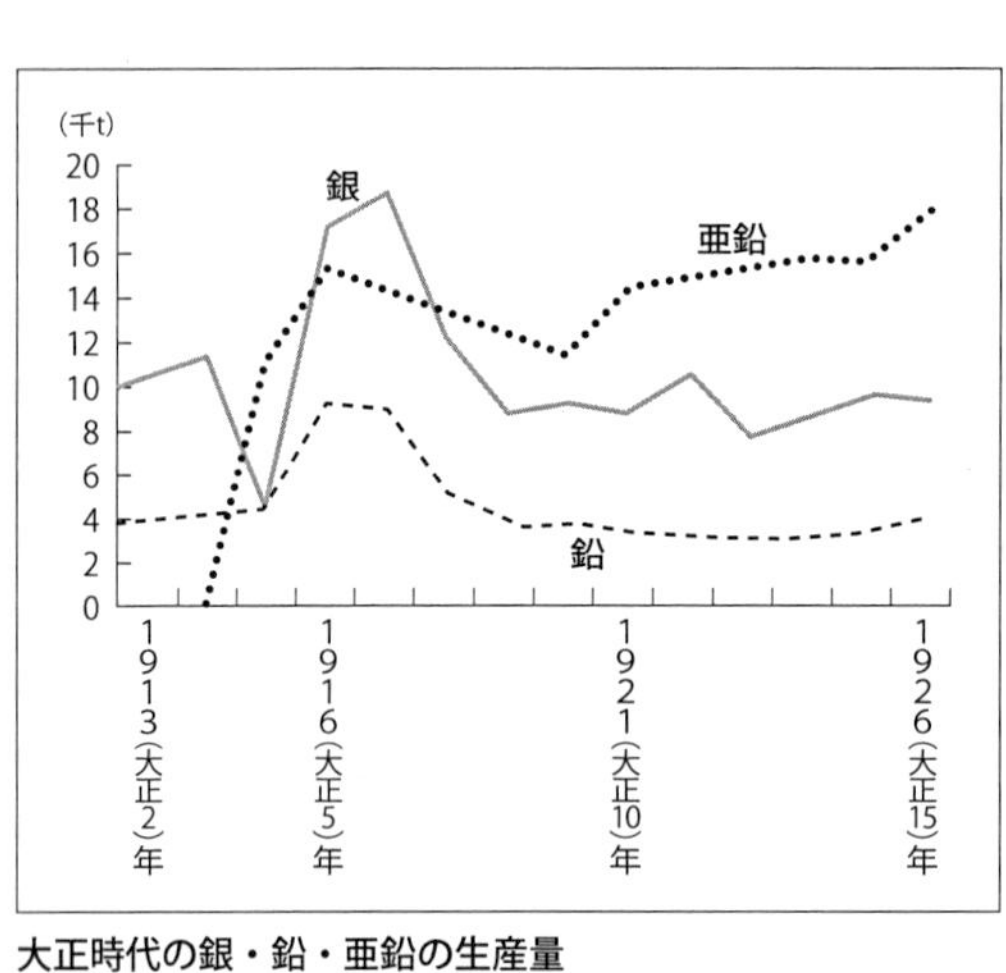

大正時代の銀・鉛・亜鉛の生産量

出所：飛騨市教育委員会『神岡町史 通史編Ⅰ』飛騨市教育委員会、2009

変わらず無視され続けたのです。

第一次大戦後の昭和に入ってから河川の汚濁は農業よりまず漁業に被害を与え、高原川から神通川のアユをはじめ、魚類がやられ、水田にも大被害が出るようになりました。

第一次世界大戦は結局、イギリス・フランス・ロシアの連合国側の勝利で終わっていましたので、連合国側にいた日本はわずかに中国の一部に少し参戦しただけで勝利国となり、敗戦国のドイツが中国に持っていた権益を得ます。ですから、日露戦争、第一次世界大戦で日本は中国での鉄道権益をはじめとするさまざま権益を得て、いよいよ、中国での利権争いに本格的に参画する軍事行動に手をかけます。侵略の軍事行動というべきで、そのきっかけを自らの自作自演ででっちあげます。これが中国の奉天（現在の瀋陽）で、一九三一（昭和六）年に起こした柳条湖（りゅうじょうこ）事件、つまり満洲事変です。この年の九月一八日、南満州一帯に配備されていた関東軍が柳条湖附近で鉄道破壊を行い、中国人がやったとでっちあげ、軍事行動を開始したのです。私も一九九六（平成八）年、柳条湖の現場を訪れましたが、爆破された線路の脇に立っている九・一八歴史博物館の異様な姿が印象に残っています。柳条湖事件の翌年、一九三二（昭和七）年、満州への第一歩を踏み出した関東軍は、たちまち、長春やハルピンに進み、三月一日、「満州国」樹立が宣言されました。中国政府から独立した現地政権ということでしたが、関東軍による全くの傀儡（かいらい）政権でした。満州占領と「満州国」強行は、世界各国から批判を浴び、一九三三（昭和八）年三月、日本は国際連盟を脱退することになったのです。そして日本は中国大陸における拡大政策を推進、一九三七（昭和一二）年の盧溝橋（ろこうきょう）事件勃発で本格的な日中戦争に突入します。盧溝橋事件というのは北京郊外の盧溝橋での日中両軍の衝突です。ここから日本は太平洋戦争にそのまま突入していきますが、一九三一（昭和六）年の満洲事変から一九四五（昭和二〇）年までの一五年間、ずっと戦争をしていた一五年戦争に時代が続いたということになります。この間、日中戦争によって、満州国は日本の戦時体制に組み込まれ、満州の重工業は日本軍の軍需物資補給のための生産基地にされたのです。

また、神岡鉱山では重要鉱物増産法のもと、戦時増産に伴い、利益はあがる一方でしたが、逆に廃物量も増大するばかりでした。ですから戦前のこうした歴史を振り返ってみますと、増える一方の廃物亜鉛により、後のイタイイタイ病患者の急増に第一次世界大戦や日中戦争などは大きな影響を及ぼしてきたわけです。その背景には国家と財閥の癒着（ゆちゃく）があり、農業被害の拡大などは無視されつづけてきたと言えます。

中国侵略から日本はさらに東南アジアへ侵攻します。その結果、いよいよ米英と衝突、太平洋戦争に突入します。太平洋戦争で日本が一番困ったのは、戦争を戦うための基本物資である鉛・亜鉛そのものが輸入できなくなったことです。なにせ、これまでの輸入先が戦争の相手国になりましたから、アメリカ・カナダ・オーストラリアなどとは禁輸になり、亜鉛などの需給が一変しました。こうなると国内で亜鉛を調達するしかありませんが、頼るところは神岡鉱山くらいです。神岡鉱山に増産命令が下り、調べたところ、一九四二（昭和一七）年、当時の東條内閣の商工大臣をしていた岸信介が直接、神岡へ来山、増産の督励にきています。

しかし、増産といわれても神岡鉱山の採鉱に携わっていた本来の鉱夫の人たちはすでに戦争の最前線へ動員されているので、全く鉱山経験のない未熟練鉱員が戦時動員されることになりました。国家総動員法とか、学徒動員令とかに基づいて神岡周辺の主婦や女子高校生も根こそぎ動員で神岡鉱山に入りました。加えてさらに朝鮮半島出身者が戦時労務動員で動員されたほか、なんとアメリカやイギリス、オーストラリアなどの白人俘虜(ふりょ)が鉱山の使役労働に携わることになりました。資料に「神岡鉱山終戦時在籍者」の表をつけましたが、全山では朝鮮半島出身者と白人俘虜で四四%近く、特に採鉱では六〇%の朝鮮人と白人俘虜が動員されています。

こういう未熟練鉱員の構成では、本来の鉱山業務ができるわけがない、いわば乱掘につながります。むだな採鉱が増えるし、効率も必然悪くなるということで廃物化亜鉛量だけが激増するという、戦時大乱掘の神岡鉱山でした。廃物を保管する場所も確保されていませんから大雨の夜などは、捨場の代わりに高原川に廃物をどんどん流した、川はたちまち白く濁っていったという証言もありますが、鉱毒被害無視の大乱掘でした。

戦局は激しさを増し、一方では、軍需への増強体制が強行されるとともに、もう一方では、戦時体制を支える農業生産力の増大も大命題になっていました。農業生産の増強を要求される神通川流域の農民は、富山県当局に鉱毒被害対策を迫り、直接神岡鉱山への改善要求が富山県や市町村からも行われていましたが、改善ははかばかしくありませんでした。

神岡鉱山終戦時在籍者　（単位：人）

	全山	採鉱
内地人（男）	2,011	838
内地人（女）	797	164
勤報隊	78	71
女子挺身隊	74	
学徒	274	10
組夫（内地人）	104	
組夫（半島人）	253	214
移入半島人	1,414	896
白人俘虜	919	530
計	5,924	2,723

出所：利根川治夫「15年戦争下における鉱山公害問題」『国民生活研究』第17巻第4号、1978

鉱山から排出された水が、稲の生育に大きな障害を与えていることを農林省の調査で知った神通川流域の農民は一致結束して神岡鉱山に激しい抗議をかけました。しかし、鉱山にいた駐在の憲兵が「日本の生死がかかっているんだ。時局を考えろ」とサーベルをがちゃつかせて、農民を追い払った[3]そうです。鉱山優先、農業生産力破壊の太平洋戦争、ですから太平洋戦争の敗戦は当然でしょう。一九四五(昭和二〇)年八月には広島、長崎に原爆が落とされ、それから七八年、広島サミットがきょう、その広島で開催されています。

一九四五(昭和二〇)年八月一五日敗戦、祖国の必勝を信じてひたすら汗水を流していた神岡鉱山亜鉛電解工場の翌八月一六日の日誌には「全員の士気沈滞はなはだし」[4]と書き込まれていました。

神岡鉱山には終戦時、およそ一〇〇〇人の俘虜が収容されていましたが、やがて主客は転倒、収容所の日の丸は各国旗に代り、俘虜は自由に戸外を歩き回る一方で、日本人は小さくなって鉱山住宅に閉じこもっていました。収容所の屋根いっぱいに、米軍の要請で「P・O・W」(Prisoner of Warの略)の文字がペンキで書き込まれ、数日後にはそれを目標に、米機動部隊グラマン艦載機が飛来し、解放された俘虜の歓声にこたえていました。[5]そのあと俘虜たちの帰国が始まり、ロコ(神岡軌道)に乗り、猪谷駅まで出て喜びにあふれた顔で臨時列車に乗って帰国の途に着きました。

このあたりまで戦前としまして戦後は、日本が戦った直接の戦争ではなく、戦争とは間接的な関わりになりますので簡単に紹介していきます。

戦後の神岡鉱山関連の動きとしてはまず、財閥解体があります。GHQによる三井、三菱などの財閥解体が行われ、三井鉱山も九州の石炭産業と神岡鉱山の金属部門が分離させられます。神岡鉱山は神岡鉱業の経営ということになります。神岡鉱業の生産量の三分の一に減らし、労働組合の結成なども行われました。

ところが太平洋戦争終戦五年後の一九五〇（昭和二五）年に、朝鮮半島の戦後処理を巡って、朝鮮戦争が勃発します。大韓民国（南朝鮮・韓国）と朝鮮民主主義人民共和国（北朝鮮）との間で生じた朝鮮半島の主権争いにアメリカを中心とする国連軍が南側、ソ連・中国が北側に加勢し、朝鮮半島全土を戦場とする三年間にわたる国際地域紛争が続きました。日本はまだアメリカの占領下でしたからアメリカへの軍事協力を行い、神岡鉱山からも鉛・亜鉛などの軍需物資を供給しました。こうしたアメリカへの軍事協力から朝鮮特需という言葉が生まれたように、神岡鉱山でも鉛が従来の三倍の価格、亜鉛が五倍の価格に高騰し、鉱山は再び息を吹き返しました。神岡在住の神岡ニュース社の米沢勇社長に話を聞きますと、当時、町には一〇〇人を超える芸妓さんがいて、町会議員をはじめ、昼間から飲み歩く人もいて町全体が浮かれていたそうです。これが神岡に隆盛をもたらした戦後復興の始まりでした。

その頃です。神通川流域の富山県婦中町（現・富山市）では、かつて軍医として従軍していた萩野昇医師が、地元の診療一〇年を経過した段階で、奇病、風土病と言われてきたイタイイタイ病の人間被害を新聞紙上に発表します。地域に閉じ込められ放置されてきた多くの患者の存在が明らかになったイタイイタイ病が社会的に明らかになったのはこの時、一九五五（昭和三〇）年でした。これを受けて、婦中町では直ちに初の総合検診を実施、およそ二〇〇人の女性を中心とした患者さんが検診に訪れ、悲惨なイタイイタイ病へようやく社会の目が向くことになったのです。

と言ってもすぐにイタイイタイ病に対する行政やメディアの対応が進んだわけではありません。当時の富山県は産業優先、地域開発の道を突き進んでおり、行政もメディアもイタイイタイ病への理解が遅れ、イタイイタイ病の地元でも差別や偏見につながることを恐れる空気が強かったのです。

戦後復興から経済成長最優先へ、そんな日本列島をさらに後押ししたのがベトナム戦争です。ベトナム戦争は正式な宣戦布告がなかったために、戦争が始まったのは一九五〇年代という説と一九六〇年代という考え方がありますが、いずれにしてもアメリカを盟主とする資本主義陣営とソビエトを盟主とする共産主義・社会主義陣営の代理戦争で、南北ベトナムに分かれての戦いでした。南ベトナム側がアメリカ、北ベトナム側がソビエトです。

ベトナム戦争は日本に何の関係があるのかと言われるかもしれませんが、実はベトナム戦争は、日本や韓国といったアメリカ軍の前線基地にベトナム特需をもたらしていました。アメリカ軍による資材調達をはじめ、直接・間接に日本のさまざまな産業に特需が舞い込みました。神岡鉱山との関連でいえば、亜鉛地金生産は、世界的にも一九五〇年代は三%、一九六〇年代は五%の伸び率で需要が活発になりました。特に日本は一九六〇年代から亜鉛地金の生産が急成長を見せています。鉛や亜鉛は蓄電池、弾丸、薬きょう、大砲などの原料となるので、是非とも必要だったわけです。

ご参考までに一九五五(昭和三〇)年からサイゴンが陥落するまでの二〇年間における「神岡鉱山の亜鉛生産推移」を示したものです。

神岡鉱山の亜鉛生産推移（1955～1975）
（単位：t）

年次	出鉱量	亜鉛含有量
1955（昭和30）	846,454	41,476
1956（昭和31）	1,034,983	49,679
1957（昭和32）	1,128,424	53,036
1958（昭和33）	1,076,611	51,677
1959（昭和34）	1,118,052	51,430
1960（昭和35）	1,077,718	52,808
1961（昭和36）	1,121,843	54,970
1962（昭和37）	1,190,174	54,748
1963（昭和38）	1,229,707	57,796
1964（昭和39）	1,258,324	59,141
1965（昭和40）	1,322,214	62,144
1966（昭和41）	1,514,902	69,685
1967（昭和42）	1,492,552	71,642
1968（昭和43）	1,557,387	73,197
1969（昭和44）	1,511,850	72,569
1970（昭和45）	1,624,567	77,979
1971（昭和46）	1,687,223	82,674
1972（昭和47）	1,744,559	85,483
1973（昭和48）	1,777,123	87,079
1974（昭和49）	1,816,737	83,570
1975（昭和50）	1,786,139	83,949

出所：中島信久「歴史―亜鉛(2) ―我が国の亜鉛鉱山・製錬所の変遷と海外亜鉛資源確保の取り組み」2006より作成

この頃になりますと、アメリカ軍の調達は民間ベースの取引になり、通産省（当時）へもアメリカ軍は詳細な通知をやめているので実態は不明ですが、この表にあるよりもっと実際はベトナム戦争での需要があったかもしれません。いずれにしましても沖縄はアメリカ軍にとってベトナムへの出撃基地でしたので、必然的にベトナム特需に日本は結びついていったのです。

以上、戦後の朝鮮戦争、ベトナム戦争もイタイイタイ病の原因を生んできた神岡鉱山とは決して無縁ではなかったということを説明してきました。あとは資料をご覧になって、イタイイタイ病の発生地域、イタイイタイ病裁判の経過などを復習としてご理解いただければと思います。私はこれまで五七年間、イタイイタイ病について少しずつ勉強をしてきましたが、まだまだわからないことが多くあります。イタイイタイ病は決して過去の公害病ではなく、一九世紀に初めての発病者が出ながら、この二一世紀に入ってもまだまだ多くの課題を残しています。実は患者の放置と切り捨ての歴史を歩んできたイタイイタイ病の発生メカニズムさえ、まだ明らかでない部分があります。これまではカドミウム慢性中毒の頂点のみが公害疾患とされ、前段症状であるカドミウム腎症は公害病とは認められていません。イタイイタイ病に至る不可逆的な腎障害には未解決な部分が多く残っています。

一方、イタイイタイ病の原因となったカドミウムを大量に含む神岡鉱山の廃滓が今も和佐保(わさほ)堆積場に大量にあります。大雨や大地震が頻発する現代において、堆積場の安全管理は一体、どこが、誰が責任を持つのでしょうか。これは永遠の課題です。絶対に和佐保堆積場から再汚染が起きないように、富山県のイタイイタイ病の被害地から警告を発信し続ける必要があると思います。

最後になりますが、私が今、手元に持っておりますのは、三井金属鉱業が一九七〇（昭和四五）年に発行した『神岡鉱山史』です。しかし、これは全編ではなく、一八九一（明治二四）年までの鉱山史の前編でしかありません。三井財閥がようやく神岡全山の権利を手に入れたところで終わっているようなものです。神岡鉱山史が本格的に始まるのはこのあとではないでしょうか。本日お話しした日本が戦った幾多の戦争が始まり、それに伴う高原川、神通川流域の甚大な被害が始まったのはこれからではないでしょうか。『神岡鉱山史』と銘打つならば、何としても、この前編で終わるのではなく、一八九一（明治二四）年以降の神岡鉱山の歴史をきっちりとまとめ、後世に『神岡鉱山史』を立派に残していただきたいと願うばかりです。

引用文献

［1］J・B・コーヘン、大内兵衛訳『戦時戦後の日本経済』上、岩波書店、一九五〇
［2］桑谷正道『飛騨の系譜』日本放送出版協会、一九七六
［3］一九七一（昭和四六）年一月六日付け『朝日新聞』岐阜版
［4］三井金属鉱業株式会社修史委員会『続神岡鉱山史草稿 その五』一九七八
［5］三井金属鉱業株式会社修史委員会『続神岡鉱山史草稿 その五』一九七八

参考文献

（1）向井嘉之『イタイイタイ病はこの国のすべての戦争を見てきた』能登印刷出版部、二〇二〇
（2）三井金属鉱業株式会社修史委員会『神岡鉱山史』三井金属鉱業株式会社、一九七〇
（3）三井金属鉱業株式会社修史委員会『神岡鉱山史料』三井金属鉱業株式会社、一九七〇
（4）坂本雅子『財閥と帝国主義』ミネルヴァ書房、二〇〇三
（5）三井金属鉱業株式会社修史委員会『続神岡鉱山史草稿 その一』一九七三

第四回

イタイイタイ病　医学の変遷と現在

青島恵子

本日は「イタイイタイ病：医学の変遷と現在」のテーマで講演させていただく機会を頂戴し大変ありがたく思っております。ただいまの主催者のご挨拶では、カドミウム腎症のことを強調されましたが今回はその話が主題ではなく、骨軟化症の診断をめぐる歴史的変遷と現在の到達点を、イタイイタイ病の医療における私自身のこれまでの関わりの反省も含めてお話できればと思います。

イタイイタイ病裁判完全勝訴から五〇年

ここ数年の二〇一八（平成三〇）年から二〇二二（令和四）年にかけては、イタイイタイ病の歴史の中で五〇年目を迎えるエポックが続きました。一九六八（昭和四三）年五月に厚生省が見解を発表し「イタイイタイ病は公害病である」と認定しました。それに先立つ同じ年の三月に、患者と家族は原因企業である三井金属に対して損害賠償を求める裁判を決意し、提起しています。三年四ヵ月間にわたる審理の末、一九七一（昭和四六）年六月に「イタイイタイ病は神岡鉱山が排出するカドミウムが原因である」とする富山地方裁判所の一審判決があり、患者・家族が勝訴しました。しかし、被告の三井金属は一審判決当日に控訴します。控訴理由は「イタイイタイ病の原因がカドミウムであるとするのは仮説であり、何ら立証されていない」と述べ、一審判決を全否定するものでした。しかし、被告の三井金属側からは「では、イタイイタイ病の原因は何か」という積極的な主張は全くありませんでした。控訴審は名古屋高等裁判所金沢支部で行われ、翌年の一九七二（昭和四七）年八月に判決が下され、再び患者・家族側が勝訴しました。控訴審判決前に三井金属側は控訴を断念しており、患者・被害住民側が完全勝訴しました。

控訴審判決翌日の八月一〇日に、患者・被害住民団体は三井金属の東京本社に赴き、直接交渉を行います。三井金属はようやく賠償に応じるテーブルについたわけです。そこで二つの誓約書と一つの協定書（「イタイイタイ病の賠償に関する誓約書」、「土壌汚染問題に関する誓約書」、立入調査に関する「公害防止協定書」）が締結されます。そのうちの「イタイイタイ病の賠償に関する誓約書」が患者に対する損害賠償、医療費補償などの基になっており、「イタイイタイ病患者、要観察者に対し、イタイイタイ病対策協議会から提出される富山県知事の証明書に基づき、誠意をもって賠償する」と書かれています。

イタイイタイ病の患者認定制度

イタイイタイ病患者が三井金属より賠償金や治療費などの医療補償を受けるには、富山県知事からの患者としての認定が必要であり、そのため富山県公害健康被害認定審査会が設置されています。認定審査の仕組みをスライド１に示しました。

まず患者本人が申請しなければいけないという本人申請主義です。死亡後に解剖検査をして骨軟化症と診断されても、死亡後の申請は認められておりません。申請時に主治医の診断書を添えて富山県知事宛に提出します。申請を受けた富山県知事は、富山県公害健康被害認定審査会に対してイタイイタイ病として認定できるかどうかの審査を委嘱します。認定審査会の委員は歴史的に医師のみによって構成されています。認定審査会では認定相当あるいは不認定つまり棄却という判断をします。不認定とされた場合には不服を申し立てる制度があり、公害健康被害補償不服審査会に申し立てをします。しかし、不服審査請求を行うことは、患者側に多くの費用と時間を要求し、大きな負担となるため、その行使は容易ではありません。

　認定審査会の法的根拠は「公害健康被害の補償等に関する法律」です。この法律は一九七三（昭和四八）年に公布、一九七四（昭和四九）年に施行され、「健康被害を受けた者に対して療養の給付や障害補償費等の支給・・・被害者の迅速かつ公正な保護を図ることを目的」として作られました。イタイイタイ病にかかっていると認められる者の認定は、「申請に基づき認定審査会の意見を聞き」、カドミウム汚染の「影響によると認められるときに行うものとすること」とされています。

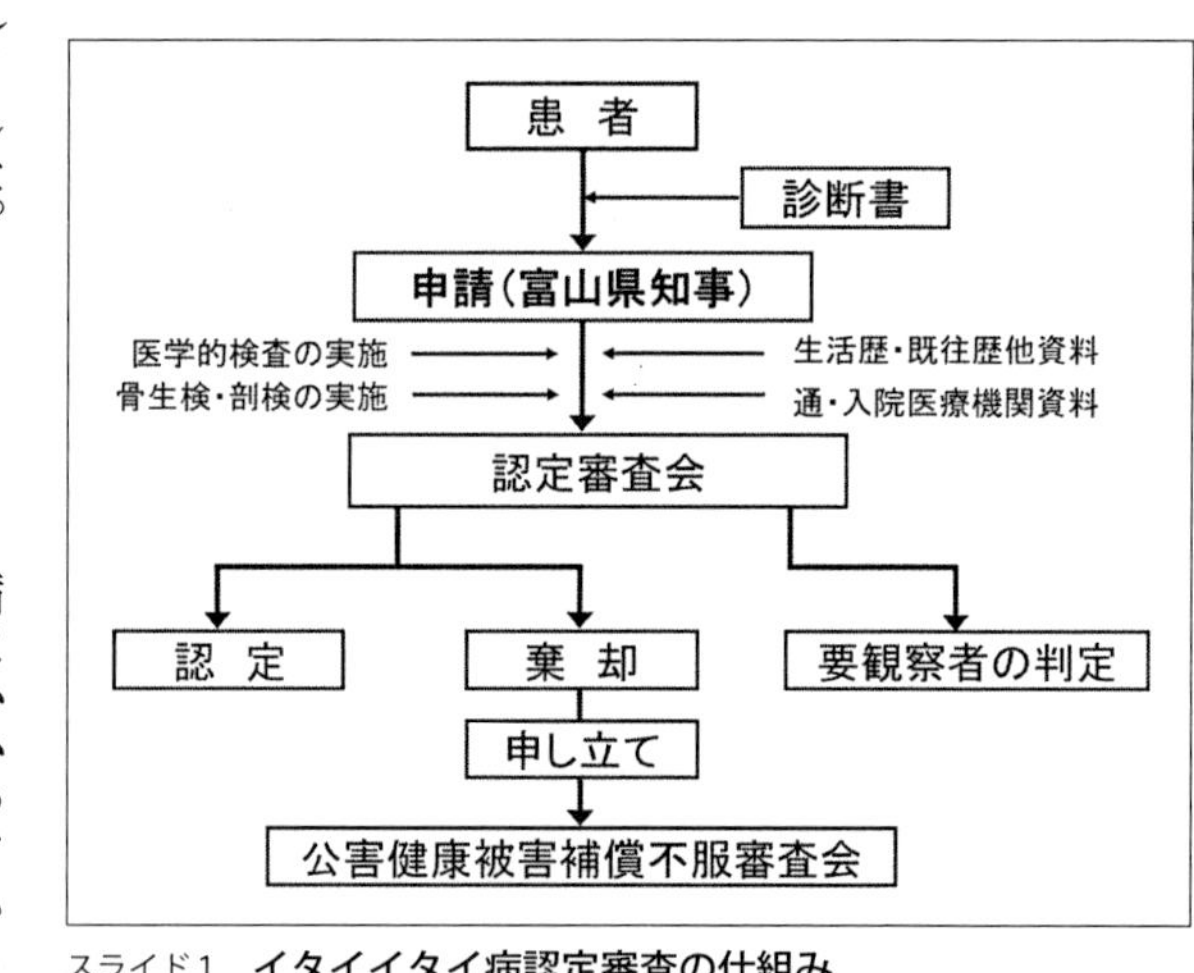

スライド1　イタイイタイ病認定審査の仕組み

イタイイタイ病の認定基準

イタイイタイ病の認定基準は「公害健康被害の補償等に関する法律に係る処理基準」として環境省から出されており、その第二章に「イタイイタイ病に係る認定関係」の記載があります。この処理基準は、環境省の総合環境政策局環境保健部長から各都道府県知事、各政令市長宛に通知するもので、認定業務が法定受託事務に当たるため「法定受託事務を処理するに当たりよるべき基準として通知する」と記載されています。したがって、イタイイタイ病の認定基準の責任は、法的には環境省にあるということになります。ただし、実際の実務は富山県が実施していることより法定受託事務と呼ばれます。

イタイイタイ病の認定条件は、以下の（1）から（4）までのすべてに項目に該当することとあります。（1）は「濃厚汚染地域に居住し、カドミウムに対する暴露（ばくろ）歴があったこと。」（2）は「以下の（3）および（4）の状態が先天性のものではなく、成年期以後（主として更年期以後の女性）に発現したこと。」そして（3）は「尿細管障害が認められること」です。この尿細管障害とは、先ほど主催者のご挨拶にありましたようにカドミウム腎症のことです。腎臓の尿細管という部分が障害されていること、これが必須の条件です。

認定条件の（4）は、「X線検査又は生検もしくは剖検によって骨粗鬆症（こつそしょう）を伴う骨軟化症の所見が認められること」（スライド2）です。

X線検査又は生検もしくは剖検によって骨粗鬆症を伴う骨軟化症の所見が認められること。

この場合，骨軟化症の所見については，骨所見のみで確定できない場合でも，骨軟化症を疑わせる骨所見に加えて，次の3に掲げる検査事項の結果が骨軟化症に一致すればこれを含めること。

スライド2　イタイイタイ病の認定条件（4）

「生検もしくは剖検によって」とは病理組織学的検査によって骨軟化症の所見が認められることを指します。スライド2において、それ以下に記されている「但し書き」は非常に重要な内容ですが、本講演の後の方で触れます。

イタイイタイ病における患者認定行政の歴史（その1）

次に、実際の認定がどのようになされてきたのかをみていきます。これまで不認定になった方は、認定条件の（1）（2）（3）は完全に認められるのですが、4番目の「骨軟化症の所見が認められない」として棄却されてきたという歴史があります。その点が、患者・被害住民側と富山県・環境省との間で長年の論争になってきました。スライド3の図は、一九六七（昭和四二）年から二〇二〇（令和二）年までの五三年間の認定状況を年度毎にまとめたもので、各年に認定された患者数を棒グラフで、各年次末の生存患者数を折れ線グラフで示してあります。

一九六八（昭和四三）年の医療費公的負担制度の開始に先立ち、前年の一九六七（昭和四二）年に「イタイイタイ病認定審査協議会」が設置され、それまでの調査・検診等により把握されていた四五四人を審査して患者七三人と、スライド3では示していませんが要観察者一五五人が登録されており、患者として公になった最初の数字です。翌年一九六八（昭和四三）年にさらに四四人が認定され、合計一一七人が制度発足時の認定患者数です。その後五〇年間にわたってさらに八三人が認定されていますが、そのうちの一八人は二〇〇〇（平成一二）年以降の認定です。昨年二〇二二（令和四）年に新たに一名の患者さんが認定されたことはたくさんの報道がなされたこともあり、皆さんの記憶に新しいかと思います。このようにイタイイタイ病は二一世紀にも続いている公害病です。

スライド3をみますと、棒グラフで示す各年度に認定された患者数がゼロから一八人と非常に凹凸があることがわかります。一九七二（昭和四七）年の裁判完全勝訴後には患者認定されない時期が続いたこともわかります。したがって、スライド3に示す認定状況は、イタイイタイ病の発生状況を示す医学上の問題ではなく、当時の社会状況を反映した認定審査会における認定基準の適用・運用の問題や、患者側の不服審査請求などの闘いなどが大きく影響した結果です。

先ほども述べましたように、却下される理由は骨X線上に骨軟化症の所見がみられないという4番目の基準でした。萩野昇先生あるいは富山県立中央病院の中川昭忠先生などによる初期の重症のイタイイタイ病患者の報告をみますと、骨軟化症のレントゲン写真上の特徴である骨改変層が非常に多発してい

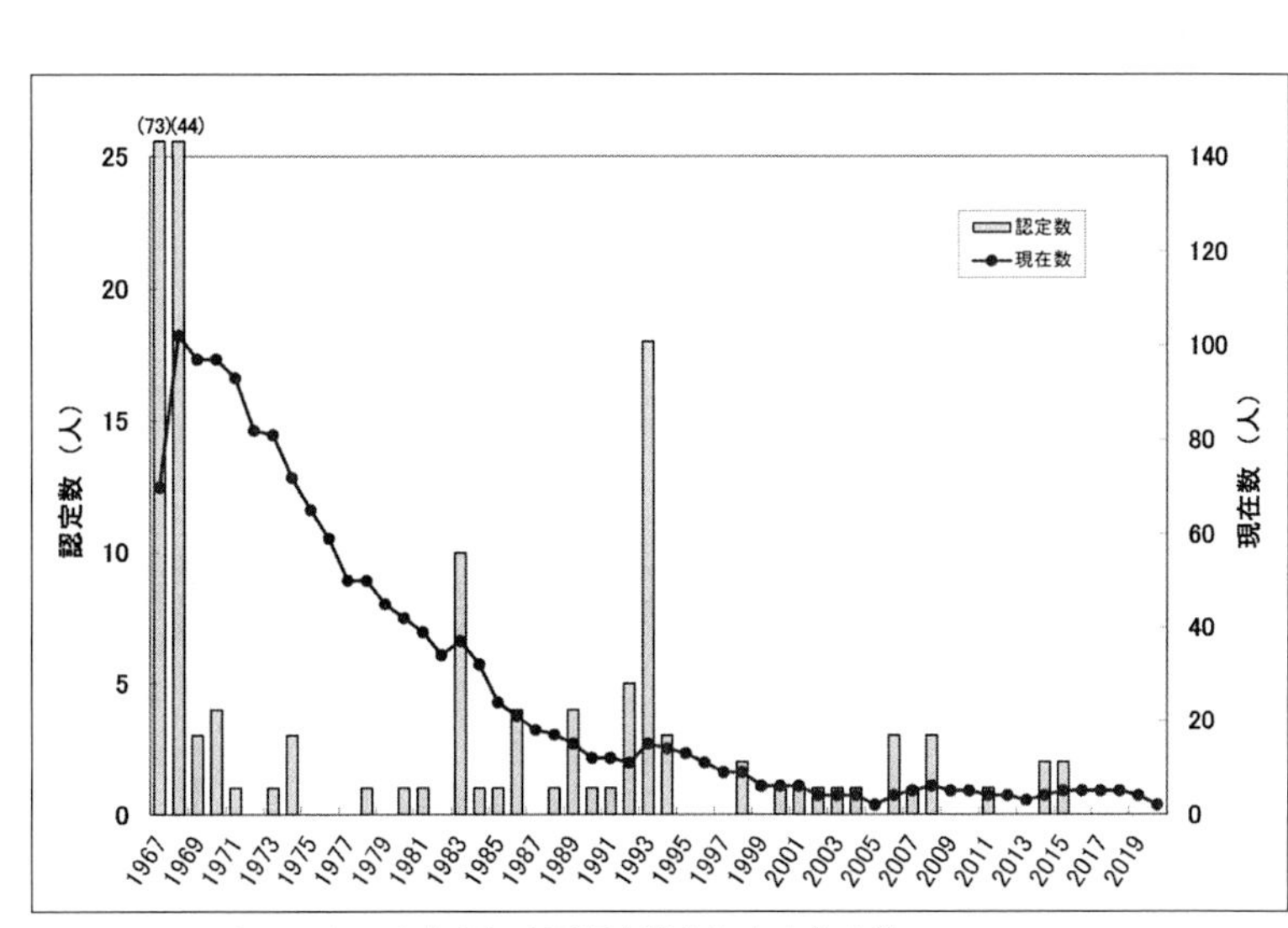

スライド3　**イタイイタイ病患者年次別認定数と年次末生存数**（1967-2020年）

ました。ですから、骨改変層の所見さえあれば、イタイイタイ病と直ちに認定されました。診断する側から言えば、非常に簡単という言い方はおかしいですが、イタイイタイ病が多発し社会問題化した一九六〇年代では、重症のイタイイタイ病患者が多く、そのほとんどに骨改変層がみられたため、イタイイタイ病の認定に際して骨軟化症の診断は問題にならなかったようです。また当時は、主治医も認定審査会の委員であり、萩野昇先生は「僕がイタイイタイ病だと言えば認められた」とおっしゃっていました。萩野昇先生が、その後認定審査会委員を解任されるなどのいろいろな動きがあり、スライド3のような認定状況になったと考えられます。

骨軟化症のX線写真上の特徴

次に、骨改変層はどういうものであるかを皆さんに見ていただきたいと思います。二〇〇三(平成一五)年に当院を初診された方は、全身二三ヵ所に骨改変層を認める重篤なイタイイタイ病でした。この方の胸部X線写真(スライド4)をみますと、肋骨に多発性の骨改変層があるために胸郭が歪んでいます。皆さんは呼吸をするとき意識することはありませんね。自然に吐いたり吸ったりしています。肋骨が拡がって胸郭を拡大すると自然に空気が肺の中に入ってきますし、横隔膜と肋骨に付いている筋肉が縮み胸郭が小さくなると空気が自然に外に出ていき、私たちは意識せずに呼吸をしています。しかしこの方は、肋骨に骨改変層が多発しているため胸郭の運動が障害され、また痛みのために胸郭を拡げることができない。そのため呼吸困難(息苦しい)がみられました。イタイイタイ病の方が「咳やくしゃみをしても痛む」というのは肋骨に多発する骨改変層のためです。スライド5の右大腿骨中央部にも骨改変層が明瞭にみられます。骨改変層は上下が白くその間に黒い線状あるいは帯状のものとして見えます。本当の骨折ではないため足を動かすことはできますが、歩行時に大腿骨に力がかかると骨が軟らかいために荷重に耐えられず痛みが生じます。骨の軟らかさは大腿骨が湾曲している変形でもわかります。

ここで骨軟化症の診断に関する私の反省を一言述べさせて下さい。私が富山医科薬科大（現・富山大学医学部）に赴任したのは一九七九（昭和五四）年でした。その当時は重症の患者の方がまだ多く骨改変層のみつかるレントゲン写真を見慣れてしまい、骨軟化症の診断すなわちイタイイタイ病の診断は骨改変層のあるレントゲン写真さえあれば難しいことではない、という印象をもってしまいました。そのことが後に問題になってきますが、講演の後半で再度触れたいと思います。

スライド4　胸部Ｘ線写真

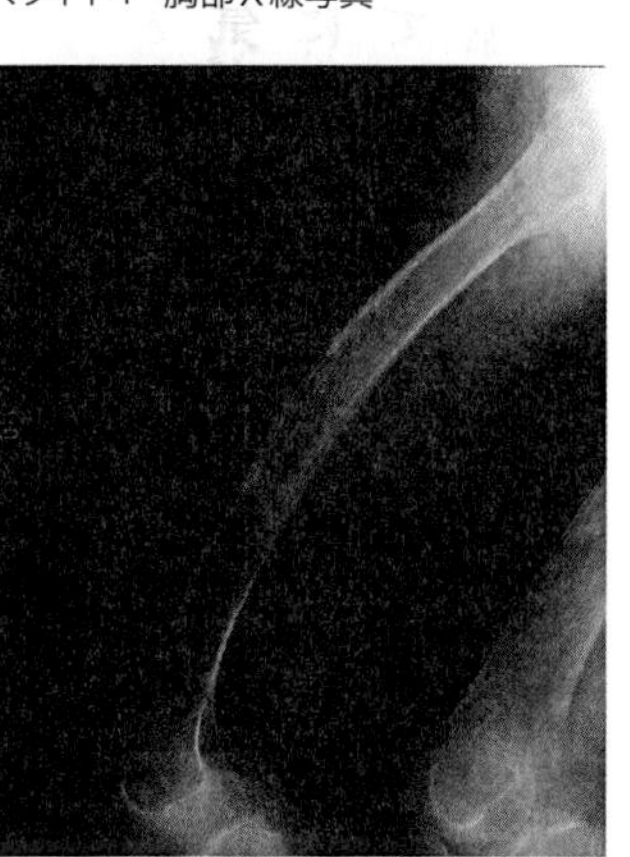

スライド5　右大腿骨Ｘ線写真

イタイイタイ病における患者認定行政の歴史（その2）

認定行政の歴史に立ち返りますと、一九七八（昭和五三）年～一九七九（昭和五四）年に七人の方が申請しましたが、スライド3にみるように、認定されたのはたった一人でした。そのために患者さんたちは痛い身体にさらに痛い思いをして骨生検の検査をして認定申請の資料として提出しました。イタイイタイ病認定行政における骨生検の方法は、一般的な臨床現場で行われている針生検とは異なり、骨盤の骨を長方形に直接切り取る方法で実施され、身体の負担の大きいものです。一九八三（昭和五八）年の認定審査会において結果が出て、骨生検資料を提出して認められた五人、死亡後の病理解剖検査成績に基づく四人、その他一人の合計一〇人が認定されました。スライド3の年次別認定数グラフにおいて一九八三（昭和五八）年は一〇人と高くなっていますが、この認定の背景にはこのような動きがありました。

私が富山へ来た一九七九（昭和五四）年に、まさにそのようなことが起こっていたことを後から知るわけです。当時はイタイイタイ病に関する現状について認定問題も含めて何も知らず、後にカルテを見て初めて「骨生検をなさっていた」と知り驚きました。骨生検は「この骨の病気は何だろうか？」と診断がつかない時に最終的に行う検査です。しかし、骨生検を実施した患者さん達のX線写真には、スライド4、5で示した骨改変層がみられるのです。骨X線写真に骨改変層を認めるにも関わらず、骨生検まで行って審査資料を提出せざるを得ない事態であったと知り、どう考えてもひどいことと感じました。

認定審査会の審議に関しては結果が公表されるのみで、具体的にどういう理由で認定しなかったのかの審議の過程は公表されません。この後お話ししますが、その後患者さんたちが不服審査会に不服申請を行ったことで、不服審査会の公開審査を通じて、認定審査会の審議内容が少しずつ明らかになりました。骨改変層を認めてしまうと骨軟化症と診断せざるを得ないので、「骨改変層の形が典型的ではない」、「骨改変層ではなく骨折ではないか」などと主張する委員がおり、頑として骨軟化症を認めようとしなかったことが明らかになりました。

イタイイタイ病における患者認定行政の歴史（その3）

先に述べたように一九八三（昭和五八）年の認定審査会では「死亡後の病理解剖検査成績に基づく四人」が認定されています。一九七九（昭和五四）年以降、当時の富山医科薬科大学（現・富山大学医学部）の病理学教授であった北川正信先生が、環境省委託研究としてイタイイタイ病の病理解剖検査を積極的に実施されました。一九八〇（昭和五五）年から一九八六（昭和六一）年の七年間に死亡した患者は九六人に及びますが、そのうち六〇パーセントが死亡後に解剖検査を実施されています。認定申請は生前申請が原則ですので患者の方が危篤状態になりますと、ご本人に解剖検査についてお願いすることはとても辛いので、ご家族に対して「万一お亡くなりになった場合は解剖させていただけないですか」と事前に主治医の側がお願いをし、了承が得られると直ちに認定申請を出してもらいます。死亡後に認定申請することはできないので、せっかく解剖をしても認定にはつながらないということで、そのようなことをしていた裏話があります。

このことに関しては、イタイイタイ病対策協議会の当時の会長である小松義久さんらの大変なご尽力があり、主治医である萩野昇先生のご意向を患者さんのご家族に伝えられ説得して廻られました。富山県は非常に信心深い県であり病理解剖には強い拒否感情があると何かで読みましたが、そういう地域において皆さんを説得され、ご家族のご協力の基に多数の病理解剖検査結果を申請資料として提出できたことは、患者のご家族や被害住民の方々の大きな功績です。

ところが一九八七（昭和六二）年に申請した七人全員が却下されるという事態が起こりました。この事態に患者・家族らは、一九八八（昭和六三）年五月にイタイイタイ病の認定制度運用上初めて不服審査会に対して、富山県知事による棄却処分の取り消しを求めました。不服審査会は、第三者的立場から、請求人（患者）側の主張と処分庁（県）側の弁明を聴取して、証拠に基づいて裁決を行います。実に足掛け四年にわたる審査の結果、一九九二（平成四）年一〇月三〇日付で不服審査会の裁決が出されました。七人中四人をイタイイタイ病と認定するというものでした。

この裁決結果は、認定審査会の審査に問題があることを端的に示しました。裁決を受けて翌月一一月二六日に環境庁は「イタイイタイ病の認定処分に当たっての骨の病理組織所見を含めた骨軟化症のあり方についての検討を行い、早急に結論を得ることとしたい」という通知を出し、一九九二（平成四）年二月に骨軟化症研究会を組織し、一九九三年四月二七日付で骨軟化研究会から報告書が出ます。

報告書（スライド6）では、骨軟化症の診断方法として1番目に「臨床症状、生化学的所見（生化学的所見とは、血清のカルシウム、リンやアルカリホスファターゼなどのこと）、X線所見の結果により、骨軟化症と確定できるものは生検を行わなくとも診断できる」としています。つまり、生検は必須の検査項目ではないということです。2番目に「臨床的に骨軟化症の診断が確定できない場合は、生検あるいは剖検による骨の病理組織標本が、診断にきわめて有用な情報を提供する」としています。そして3番目に「骨の病理学的所見によって骨軟化症を診断するためには、類骨の明らかな増加の確認が必要であり、類骨幅15ミクロン、類骨面15～20パーセント、類骨量10～15パーセントを目安に、これらをいずれも超えるとき骨軟化症と診断して差支えない」としています。

骨軟化症は骨の石灰化障害であり、石灰化障害の結果生ずる類骨組織の増量が骨軟化症の病理組織所見です。骨は非常に硬い組織であり水酸燐灰石の結晶が骨基質に沈着して造られる組織です。水酸燐灰石結晶の骨基質への沈着が起こらないことを石灰化障害と言います。そのために沈着していない組織（類骨）が増えていきます。これを組織標本上知るためには、類骨組織と石灰化した骨の部分である石灰化骨基質（石灰化部）との識別が容易な染色法が望ましいということになります。先ほど重症の骨軟化症の患者さんの右大腿骨の骨改変層をスライド5でお示ししましたが、その方の骨改変層部の骨病理組織所見がスライド7です。スライド7は、富山大学医学部病理学教室（教授笹原正清先生）にて剖検され作製された貴重なものです。X線写真では黒く抜けて見えた部分が、スライド7では真っ赤に染まっています。この赤い部分が類骨組織です。用いた染色方法は吉木法と言い石灰化していない部分を赤く、石灰化している部分を白く染めることにより容易に識

骨軟化症の診断方法

1）臨床症状、生化学的所見、X線所見の結果、骨軟化症と確定できるものは生検を行わなくても診断できる。

2）臨床的に骨軟化症の診断が確定できない場合は、生検あるいは剖検による骨の病理組織標本が、診断にきわめて有用な情報を提供する。

3）骨の病理組織所見によって骨軟化症を診断するためには、類骨の明らかな増加の確認が必要であり、類骨幅15ミクロン、類骨面15～20%、類骨量10～15%を目安に、これらをいずれも超えるとき骨軟化症と診断して差し支えない。

スライド6　骨軟化症研究会報告書（1993年4月27日）（環境省）

別できます。吉木法についてなぜ述べるかと言いますと、その当時の研究報告資料を読み返しますと、「吉木法は信用できない」、「類骨組織を過剰に染色するので問題である」という議論がなされていました。骨軟化症研究会報告では、「石灰化されていない部分と石灰化されている部分をきれいに分けるので吉木法を採用しなさい」と述べています。

骨軟化症研究会報告書を受けた環境庁は、翌日一九九三（平成五）年四月二八日に「イタイイタイ病の認定における骨軟化症の判定等について」とする通知を、富山県厚生部長宛に出します。そこでは「吉木法を含む骨病理組織所見をイタイイタイ病の診断に採用すること、またこれまでの審査に骨病理組織所見が提出されながら、認定されなかった対象者一九例の見直し」を指示しました。この指示を受けて富山県公害健康被害審査会では一三例を患者として認定しました。この経緯がスライド3の一九九三（平成五）年の一八人の大量認定の背景にありました。このことは、病理組織所見が提出されながら適切な評価がなされずに不認定となっていたこと、正しい認定業務がなされていなかったことを示す事態です。

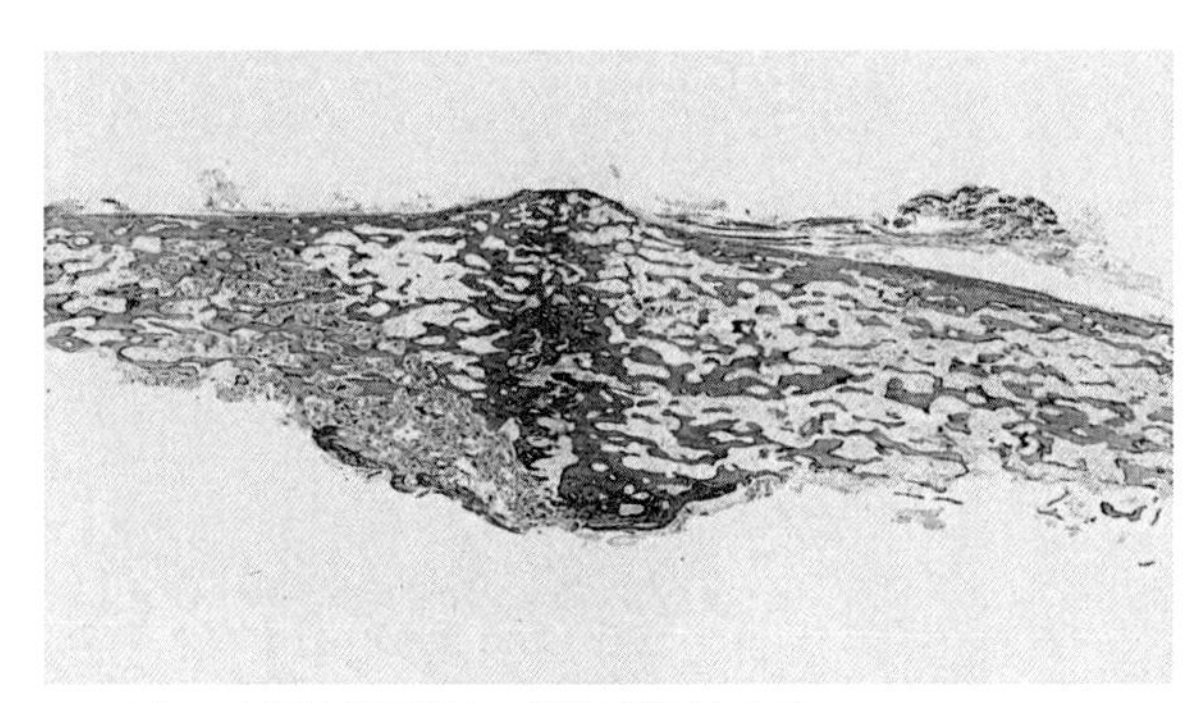
スライド7　大腿骨骨改変層の病理組織像（吉木法）

日本内分泌学会と日本骨代謝学会による「骨軟化症の診断マニュアル」の公表

次に、いっぺんに二二年後に飛びます。二〇一五（平成二七）年に日本内分泌学会と日本骨代謝学会は厚生省研究班としてスライド8に示す「骨軟化症の診断マニュアル」を公表しました。そこでは、骨軟化症診断のための大項目と小項目が示されています。大項目には二つあり、①低リン血症、または低カルシウム血症、②骨型のアルカリホスファターゼが高い状態、つまり高骨型アルカリホスファターゼ血症です。小項目は三つあり、③臨床症状（筋力低下、または骨痛）、④骨密度（若年成人平均値の80パーセント未満）、その次の⑤として画像所見が出てきます。骨シンチグラフィーでの肋軟骨などへの多発取り込み、または単純X線像での骨改変層です。骨軟化症は①～⑤を満たすもの、骨軟化症の疑いは①と②は必ずあり、③～⑤のうち2つを満たすものとなっています。ここでいう診断上の「疑い」とは「よく分からない」という意味ではなく、「骨軟化症が最も考えられる」という意味です。「骨軟化症の診断マニュアル」がなぜ出たのかということを英文版では書かれてあり、「世界的にも国内的にも骨軟化症の診断に関する統一した基準がなかった」とありました。したがって、イタイイタイ病の認定に関する歴史・過程は、骨軟化症の診断に関して医学界で統一された

大項目
① 低リン血症、または低カルシウム血症
② 高骨型アルカリホスファターゼ血症

小項目
③ 臨床症状： 筋力低下、または骨痛
④ 骨密度： 若年成人平均値（YAM）の80%未満
⑤ 画像所見： 骨シンチグラフィーでの肋軟骨などへの多発取り込み、または単純X線像での骨改変層

1） 骨軟化症： ①～⑤をみたすもの
2） 骨軟化症の疑い： ①②と③～⑤のうち2つをみたすもの

スライド8　骨軟化症の診断マニュアル（2015）
日本内分泌学会・日本骨代謝学会厚生省研究班

基準がない中で、試行錯誤というか、いろいろの意見がある中で進められてきたということが分かりました。

二〇二二（令和四）年八月にイタイイタイ病と認定された女性の臨床像

「骨軟化症の診断マニュアル」を知った上で、昨年認定された九一歳の方のケースを見直しますと、スライド9の読売新聞記事に『「骨生検」を経ず』とあるように、骨生検実施の有無が注目されています。「骨軟化症の診断マニュアル」では、骨病理組織所見は診断項目に入っていませんでした。したがって「骨生検を経ず」ということが現代的な骨軟化症の診断においては当然であり、二〇二二（令和四）年の認定審査会は新たな段階に入ったという印象を持ちました。そのような観点から、二〇二二（令和四）年に認定された患者の臨床像をご紹介します。

スライド10～14は、「メタルバイオサイエンス研究会2021」（二〇二一・令和三年一〇月二七日）において「最近の三症例からみたイタイイタイ病の臨床像と問題点」として発表したときのものです。二〇一九（令和元）年から二〇二一（令和三）年

イタイイタイ病 患者認定

7年ぶり 91歳、「骨生検」経ず

4大公害病のイタイイタイ病㊀（イ病）を巡り、富山県が2015年以来、7年ぶりに患者を認定していたことが分かった。認定されたのは富山市内の女性(91)で、201人目。従来の審査で判断根拠とされてきた、腰骨を削る「骨生検」ではなく、血液とX線の検査結果などから結論づけた。専門家らは「骨生検を巡っては痛みを恐れ、申請をためらうケースがある。今後も柔軟に認定してほしい」と訴えている。

女性は今月8日、県知事による認定の通知を受けた。昨春、イ病の疑いがあると診断され、今年1月に

㊀イタイイタイ病　三井金属鉱業神岡鉱業所（現神岡鉱業、岐阜県飛騨市）の鉱山から排出されたカドミウムで腎臓が障害を受け、骨が極端にもろくなる病気。富山県の神通川流域で発生し、国は1968年に全国初の公害病として認定した。72年には、原因企業を相手取った損害賠償請求訴訟で患者側が全面勝訴。認定患者に賠償金や医療費が支払われることになった。

スライド9　2022年8月17日　読売新聞より抜粋

に萩野病院を初診した女性患者三例を報告しました。新たに認定された方は症例番号1番の方です。汚染地域に九〇年間住み続け（スライド10）、イタイイタイ病の家族歴はありませんでした。

出産回数は三回、既往歴は八一歳時の右大腿骨頸部骨折です（スライド11）。

検査データでは、カドミウム腎症の特徴である尿のβ_2ミクログロブリン（低分子量蛋白）が211mg/gクレアチニンと異常に高い。通常は1mg/gクレアチニン未満ですので二〇〇倍以上高い値です。尿糖3+と尿の中に糖が出ています。血糖値は正常であり糖尿病はありません。尿のカドミウム値13.7μg/gクレアチニンと他の2人の60.3、38.7μg/gクレアチニンと比べると低いですが、正常上限値（5μg/gクレアチニン）を明らかに超える高い数値でした（スライド12）。ヘモグロビン濃度7.5g/dLと重度の貧血がありました。腎臓全体の働きを示す腎機能の指標である血清クレアチニン濃度は2.27mg/dLと高く、糸球体濾過量（GFR）は16mL/分と顕著に低下し、慢性腎不全の状態です（スライド13）。骨軟化症診断項目として重要な血清カルシウム濃度は7.7mg/dLと低く、血清リン濃度は2.7mg/dLと正常範囲（2.4~4.4mg/dL）内ですが、腎機能（GFR16mL/分）を考慮すると低い値です。近位尿細管でのリン再吸収機能を示す尿細管リン最大再吸収値（TmP/GFR）は1.3mg/dLと著明に低下しています。血清アルカリホスファターゼ活性値は389U/Lと高くなっています（スライド14）。骨芽細胞での骨基質合成の活性度を表す血清アルカリホスファターゼ値は、骨軟化症では高くなります。

したがって、本例では近位尿細管の多発性再吸収障害があり、とくにリンの再吸収機能が著しく低下しており、血清アルカリホスファターゼが高いという、骨軟化症を示す血清生化学検査の結果でした。しかし、骨X線検査では骨盤などの写真を検討しましたが、骨萎縮は認めるが骨改変層はみられませんでした。先に述べたように私が古い考え方で固まっていると、骨改変層が明らかではないため認定申請しても難しいかなというように考える例でした。しかし、患者さんご本人は、その前年に「富山県神通川流域住民健康調査」の結果を基に要観察者に判定されていたので、「自分の病気はイタイイタイ病であったのか」と思い至り、認定申請されました。認定申請をすると富山県厚生部健康課の

スライド10　**新患3症例の特徴(1)**

症例番号	1	2	3
出生年	1930	1925	1930
初診年(年齢)	2021(90)	2021(95)	2019(88)
神通川流域Cd汚染地域居住開始年	1930	1925	1930
初診時までのCd汚染地域居住年数	90	95	88

スライド11　**新患3症例の特徴(2)**

症例番号	1	2	3
初診年(年齢)	2021(90)	2021(95)	2019(88)
骨痛初発年齢(歳)	90	90	87
イタイイタイ病家族歴(死亡年齢)	—	—	実母(90)
出産数	3	3	3
既往歴(年齢)	右大腿骨頸部骨折(81) 直腸癌(86) 左慢性膿胸(15?)	左大腿骨頸部骨折(90) 陳旧性ラクナ梗塞(90) 腰部脊柱管狭窄症(90) 第12胸椎圧迫骨折(94) 第3腰椎圧迫骨折(95)	尿管結石(70) 胃潰瘍(75) 左手関節骨折(80) 右大腿骨頸部骨折(88)

スライド12　新患３症例の検査成績(1)

症例番号	1	2	3
検査年月(年齢)	2021.4(90)	2021.6(95)	2019.12(89)
尿pH	7.6	6.2	7.2
尿β_2-ミクログロブリン (mg/g Cr)(<0.9)	211	155	20
尿糖	3＋	1＋	1＋
尿カドミウム (μg/g Cr)(<5)	13.7	60.3	38.7

スライド13　新患３症例の検査成績(2)

症例番号	1	2	3
検査年月(年齢)(基準値)	2021.4(90)	2021.6(95)	2019.12(89)
ヘモグロビン (g/dL)(11.2-14.9)	7.5	9.7	11.1
血清クレアチニン (mg/dL)(0.47-0.79)	2.27	1.51	0.68
血清β_2-ミクログロブリン (mg/L)(0.9-1.9)	9.2	7.1	3.3
eGFR (mL/分)(>60)	16	25	33

スライド14　新患３症例の検査成績(3)

症例番号	1	2	3
検査年月(年齢)(基準値)	2021.4(90)	2021.6(95)	2019.12(89)
血清カルシウム (mg/dL)*(8.4-10.2)	7.7↓	8.6	9.4
血清無機リン (mg/dL)(2.4-4.4)	2.7	2.6	3.3
TmP/GFR (mg/dL)(2.5-4.2)	1.3↓	2.3↓	3.1
血清ALP (U/L)(38-113)	389↑	160↑	[186] (104-338)

*アルブミン補正値

担当者が説明のため来訪されます。その際に「骨生検を受けますか、受けませんか」と聞かれますが、この患者さんは「骨生検はしません」とはっきり返答したと伺いました。

この方は、「骨軟化症の診断マニュアル（２０１５）」と照らし合わせると、大項目の二つ（低カルシウム血症と高骨型アルカリホスファターゼ）は該当します。小項目の三つのうち、臨床所見（筋力低下、または骨痛）はあり、骨密度も低下しています。ただ、単純X線像において骨改変層が明らかではありませんでした。したがって、大項目二つと小項目二つを満たしており、「骨軟化症の疑い」という診断になります。つまり、この方が骨生検なしに認定されたことは、二〇一五（平成二七）年の「骨軟化症の診断マニュアル」からみても妥当なものです。

イタイイタイ病認定条件の但し書きの重要性

ここでイタイイタイ病の認定条件に立ち返ってみます。スライド2で示した4番目の認定条件では、「X線検査又は生検もしくは剖検によって骨粗鬆症を伴う骨軟化症が認められること」とあり、ここまでの記述では、X線検査で骨軟化症の所見が認められないとイタイイタイ病には認定されないと判断してしまいます。しかし、スライド2にありますように、続いて「但し書き」があります。「この場合、骨軟化症の所見については、骨所見のみで確定できない場合でも、骨軟化症を疑わせる骨所見に加えて、次に掲げる検査事項の結果が骨軟化症に一致すればこれを含めること」と明記されています。掲げられていた検査事項をスライド15〜18に示しました。

一つは既往症（カドミウム暴露歴・治療歴・遺伝関係など）、二つ目は臨床所見（骨格変形・疼痛（とくに運動により増強）・運動障害（アヒル様歩行）など」です（スライド15）。アヒル様歩行とは、足を拡げてよちよちとお尻を振って歩く特徴的な歩行です。血液検査では、血清無機リン、アルカリホスファターゼ、カルシウムなどです（スライド16）。X線検査では骨萎縮像、骨改変層またはその治癒像、骨変形などです（スライド16）。尿検査ではタンパク・アミノ窒素・糖・カドミウムなどが示されています（スライド18）。

今改めてイタイイタイ病認定条件を確認して思うことは、二〇一五(平成二七)年に公表された「骨軟化症の診断マニュアル」と同様の内容の認定条件がすでに作られていたということです。当初から認定基準を適切に運用すれば、また審査委員の方たちが積極的にイタイイタイ病を認めようとすれば、「骨所見のみで確定できない場合でも、骨軟化症を疑わせる骨所見に加えて、次に掲げる検査事項の結果が骨軟化症に一致すればこれを含めること」という認定条件を活用して、より多くの患者を骨軟化

認定に必要な医学的検査

スライド15

<一 般 的 所 見>

(ア) 既往症 : カドミウム暴露歴
治療歴
遺伝関係 等

(イ) 臨床所見: 骨格変形
疼痛 (特に運動により増強)
運動障害 (あひる様歩行) 等

スライド16

<血 液 検 査>

(ア) 血清 無機リン
(イ) 血清 アルカリホスファターゼ
(ウ) 血清 カルシウム
(エ) 必要に応じて行う検査
赤血球数、赤血球数沈降速度、血清クレアチニン、血糖、肝機能、血清ナトリウム・カリウム・クロール、CO_2含量、尿素窒素 等。

スライド17

<X 線 検 査>

撮影部位: 胸部
骨盤
大腿骨
及び 疼痛の部位の骨

所見: 骨萎縮像
骨改変層またはその治癒像
骨変形 等

スライド18

<尿 検 査>

(ア) 尿たんぱくの定性、定量及び尿中アミノ窒素の定量

(イ) 尿糖の定性、定量

(ウ) 尿中のカドミウム量

(エ) 必要に応じて行う検査
尿中クレアチニン、カルシウム、リン 等

症と診断し、イタイイタイ病患者として認定することができたのではないかと思います。

認定行政と社会状況

しかし当時の状況を振り返りますと、単なる認定審査会の問題と捉えることはできません。富山県の行政自体がイタイイタイ病には後ろ向きであり、国レベルでは自民党がカドミウムを原因とする厚生省見解の見直しを政府に迫り、カドミウムに汚染された水田土壌復元に巨額の費用をかけるのは問題であると追及していました。この背景には、土壌復元費用を負担する企業側からの圧力があったと思われます。そのような反カドミウム原因説の動きは医学界にもあり、裁判において「イタイイタイ病の原因はカドミウムではない、ビタミンD欠乏である」と主張した大学教授や、カドミウムを原因とするのは疑わしいという意見を述べる「偉い」先生たちが、環境省のイタイイタイ病研究班のトップにいたのです。そういう社会状況の中でイタイイタイ病の認定行政が行われていたことを反映する認定行政ではなかったのかと思います。イタイイタイ病の認定基準そのものに問題があったのではなく、社会状況を反映した患者救済に背を向けた動きとなっていたのではないかと思います。イタイイタイ病の認定条件それ自体は、今見てきましたように柔軟性があり、運用しやすく、積極的にイタイイタイ病として認定しようという立場であれば、有効に活用できる認定基準であると思います。二〇一五（平成二七）年の日本内分泌学会と日本骨代謝学会の専門学会による「骨軟化症の診断マニュアル」の公表に先立ち、イタイイタイ病の認定基準は、骨軟化症の診断基準を一九七〇年代にすでに作っていたと捉え直すことができます。

本講演のために骨軟化症の医学的論文を検索しましたが、骨軟化症多発の最初の報告はイタイイタイ病であることを改めて確信しました。骨軟化症の文献はいくつかありましたが、骨改変層のX線写真は極めて少なく、イタイイタイ病の臨床報告が出て初めてレントゲン写真上の骨の特徴、骨軟化症の特徴が報告されており、医学の歴史の中でも画期的というか、画期的という言い方はおかしいのですが、骨軟化症の診断という上でもイタイイタイ病は特筆すべき意義をもっていたことを今改めて感じています。

最後にもう一度私自身のイタイイタイ病への関わりを振り返りますと、イタイイタイ病認定基準の理解において、骨X線所見のみ、それも骨改変層の有無を重視してきたということが非常な反省点です。血清生化学的検査、臨床症状をもっともっと重視していくべきであったと反省しています。不服審査の過程で、認定審査会の審査の実態が初めて分かりましたが、検査項目の一つでも骨軟化症と合致しないと、骨軟化症を否定されたことです。例えば、血清リン濃度が低くないなどです。しかし、腎臓機能が低下すると血清リン濃度は上昇していきます。したがって低リン血症の状態はイタイイタイ病の病気の全過程でみられる特徴ではなくなります。腎臓機能が低下すると低カルシウム血症がみられるようになります。先ほどお示しした骨病理組織所見も一つの参考資料にしかしていなかったという事実が明らかになったのですが、ゴールドスタンダードとされる診断を確定とする方法がありますが、骨病理組織所見は骨軟化症診断のゴールドスタンダードです。しかし、認定審査会では参考資料という扱いであったと、書かれてありました。

最近のイタイイタイ病の臨床的研究からは、スライド19に示す病態の進行が考えられます。カドミウムの体内蓄積が増加し、腎臓障害（カドミウム腎症）が出現し、きわめて長期に持続し、GFRの低下にみられる慢性腎不全へ進展すること。慢性腎不全によるエリスロポエチン産生低下による腎性貧血の合併、1α、25水酸化ビタミンD産生低下による低カルシウム血症の出現と、それによる二次性副甲状腺機能亢進症の合併などです。また尿中へのカルシウム、リン排泄増加により血清カルシウム濃度、リン濃度の低下が長期に持続すると、骨量の減少や血清アルカリホスファターゼの高値にみられるように、骨石灰化の異常（すなわち骨軟化症）イタイイタイ病を発症するようになります。骨軟化症などの骨代謝異常（イタイイタイ病）へと進展します。

イタイイタイ病のリン代謝異常

私が考えるカドミウム腎症における骨代謝異常の発症機序をスライド20に示しました。スライド

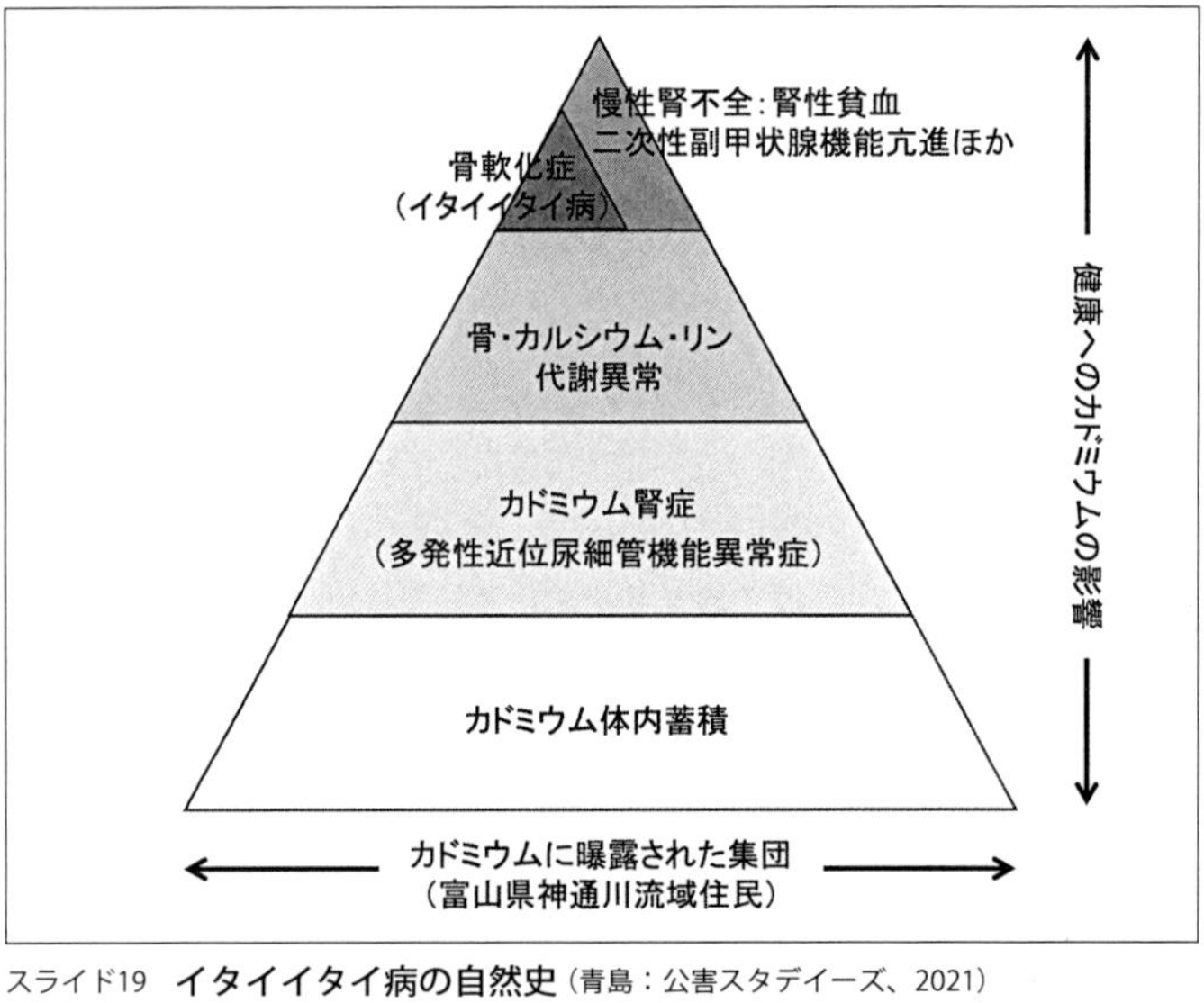

スライド19　**イタイイタイ病の自然史**（青島：公害スタデイーズ、2021）

20の図は、一九八八（平成六三）年に出版した本の中で示したシンプルなものですが、カドミウムによって近位尿細管障害が起こるとリンの再吸収が障害されて尿へのリン排泄が増加し、その結果として血清中のリン濃度が減少します。低リン血症の状態が慢性的に続くと骨の石灰化不全が起こり骨軟化症になることが、カドミウムと骨軟化症との関係であるとしました。

しかし長い間、血清中のリン濃度を調節するホルモンは見つかりませんでした。カルシウム調節ホルモンは、副甲状腺ホルモン、活性型ビタミンD、カルシトニンなどが見つかっていましたが、リンはどのようなホルモンによって調節されているかが分かっていなかったのです。しかし遂に骨からリンを調節するホルモンが分泌されていることが分かりました。骨にとってリンはとても大事ですから、骨細胞においてリンを調節するホルモンが産生され、しかもその作用が腎臓の近位尿細管の再吸収を調節するホルモンであったのです。このホルモンが過剰に産生されて低リン血症となり骨軟化症を発症する疾患も知られるようになりました。

新たに発見されたリン代謝調節ホルモンの名前はFGF23と言い、英語のFibroblast growth factor 23の略です。日本語では線維芽細胞増殖因子23と呼びます。FGF23は骨細胞で生成され、腎臓の近位尿細管においてリン輸送体の発現・活性を調整します。FGF23の骨からの分泌が増加すると近位尿細

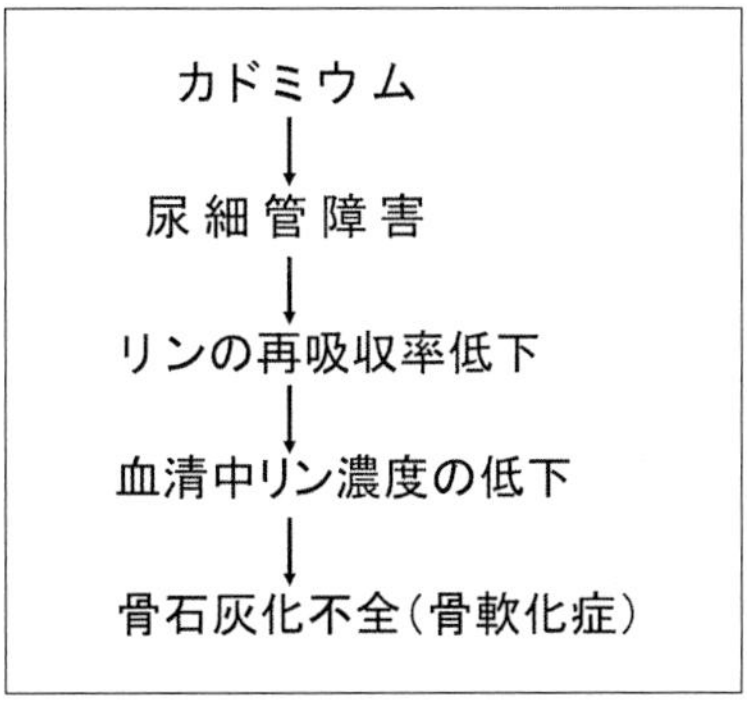

カドミウム
↓
尿細管障害
↓
リンの再吸収率低下
↓
血清中リン濃度の低下
↓
骨石灰化不全（骨軟化症）

スライド20　**カドミウムと骨軟化症との関係**
（青島他：重金属と人体II 167-211、茅野充男、斎藤寛編　重金属と生物　博友社　1988）

管でのリン輸送体の発現・活性が抑制されます。その結果、リンの再吸収が抑えられて尿中リン排泄が増加し、血清リン濃度は低下します。FGF23の研究者の中に、イタイイタイ病では骨からのFGF23分泌が増加して尿細管のリン再吸収を抑えているのではないか、という仮説を立てる方がありました。そこで、実際にイタイイタイ病患者・カドミウム腎症・汚染地域住民そして対照住民を対象として、血清中FGF23濃度を測定してみました。その結果をスライド21に示しました。

横軸は血清リン濃度、縦軸は血清FGF23濃度です。イタイイタイ病患者の一例を除いて、右肩上がりの直線的な関係がみられ、血清リン濃度が低くなるほどFGF23濃度は低下していました。この反応関係は正常であり、イタイイタイ病を含む神通川流域住民では、骨から異常なFGF23分泌があって低リン血症になっているのではなく、カドミウムによる近位尿細管障害のためにリンの再吸収が障害されて低リン血症となり、その結果骨からのFGF23分泌が抑えられていると評

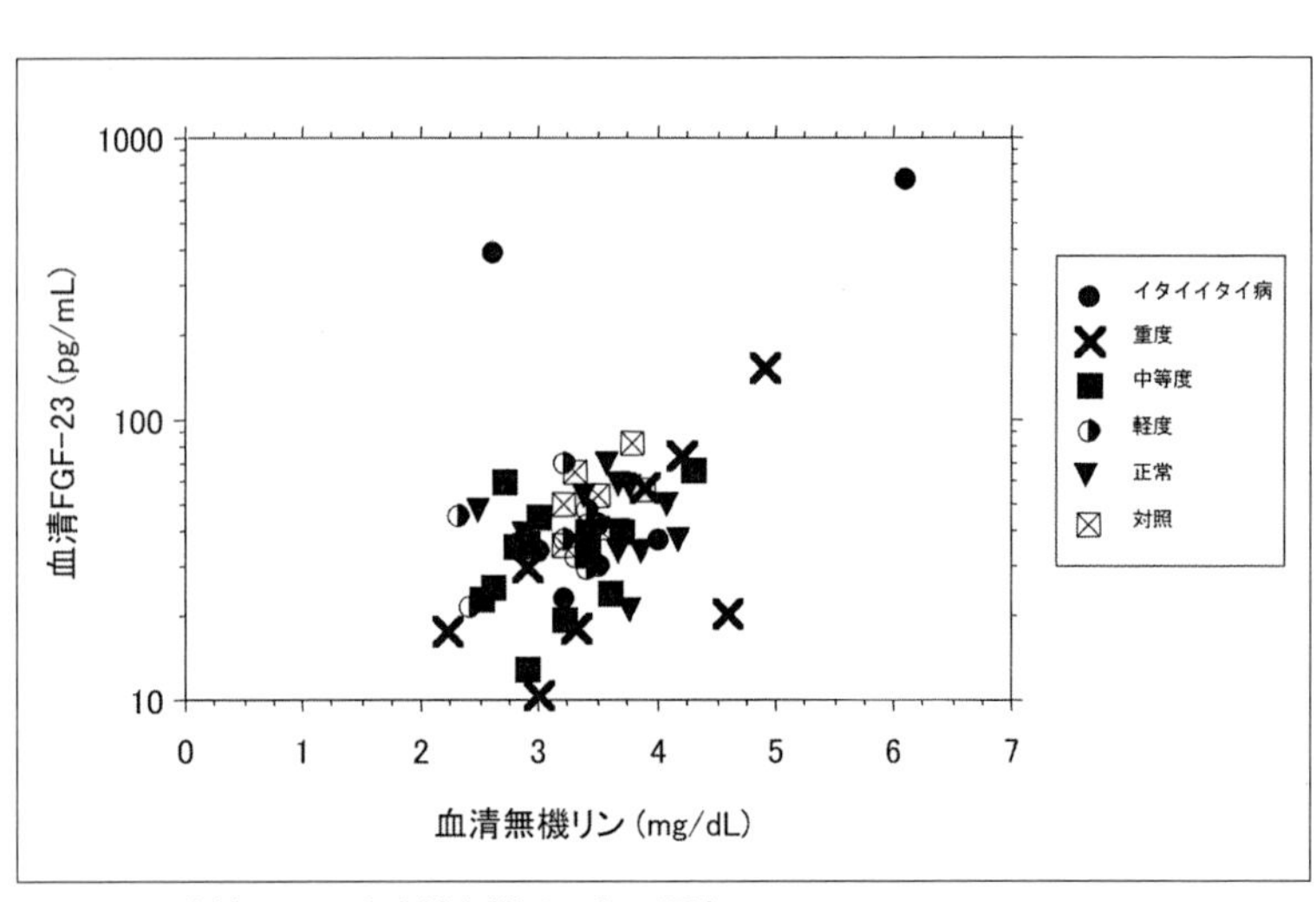

スライド21　**血清FGF-23と血清無機リンとの関連**（青島、2019）

価できます。イタイイタイ病患者の一名は低リン血症があるにも関わらず、血清FGF23濃度が上昇していました。この方はイタイイタイ病以外にFGF23分泌が増大する疾患を合併していたと考えられますが、検査を実施していないため詳細は不明です。

イタイイタイ病認定のあり方への提案：結論にかえて

本講演のまとめに入ります。「イタイイタイ病の認定」の問題として次の三点を指摘したいと思います。(1)認定審査会の委員は医師のみであり、現在は臨床医と病理医しか含まれていません。環境医学、疫学などの分野の医師は含まれていません。(2)健康被害の実態、すなわち被害者の生活・人生そのものがどのような被害を受けていたのかを知ろうとはしていません。(3)認定審査の内容が、臨床所見しかも骨病変のみに限定したものであり、それが判断のすべてになっています。

以上三点の問題を踏まえて、イタイイタイ病認定のあり方を提案します。(1)「認定審査会委員構成の見直し」です。医師は環境医学、疫学も含む広い専門分野から選ぶこと、医師のみではなく社会学系の専門家や法律家なども加えること、さらには裁判員制度を見習って一般市民の意見も取り入れるなど、公正・公平な広い視野に立ち、「患者を迅速に救済して保護する」という法律の目的・趣旨に沿う認定行政を実施していくこと。決して棄却することが目的ではないはずです。

(2)「被害の実態を広く把握すること」を提案します。身体的被害のみならず、生活被害(家庭・職場・地域における)、精神的被害、家族への影響、そして診断に至るまで長期間を要していること、さらに長期に及ぶ療養もしていることなど、不都合な人生を送らされているわけですので、これらの被害を認め賠償する必要があると思います。

（3）は本日の主題である「骨軟化症の診断」に関することです。骨生検を条件・前提としないこと、二〇一五（平成二七）年の「骨軟化症の診断マニュアル」を取り入れて「骨軟化症の疑い」に該当する場合はイタイイタイ病として認定すること、そして侵襲性（しんしゅうせい）の低い、患者さんへの身体的負担の少ない画像診断、例えばＣＴ検査などを導入して、骨軟化症の画像診断の方法や内容を豊富化することです。

長時間の、また医学的な話が多くて申し訳ありませんでしたが、イタイイタイ病に携わって四〇年余に及ぶ私の体験や、勉強したこと、感じたこと、考えてきたことを、反省も含めて今日はお話させていただきました。大変貴重な機会をいただきありがとうございました。

第五回　イタイイタイ病の表現とリアリティの力

ひとりがたり＆スライドトーク

金澤敏子

イタイイタイ病の歴史を振り返りますと、そもそも加害企業の三井金属（三井組）が神岡鉱山に進出したのが今から一五〇年前、初めて「イタイイタイ病」として新聞報道により、社会的に知られたのが一九五五（昭和三〇）年ですから七〇年前、裁判で原告側が完全勝訴してから五〇年が、二〇二二（令和四）年にあたります。イタイイタイ病という表現が使われ出したのは七〇年前からですが、実際、イタイイタイ病という公害はどのようにこの七〇年間に表現されてきたのか、患者さんの苦しみ、悲しみはリアリティをもって、社会に伝えられてきたのか、このあたりがきょうのテーマです。

ただ、ちょっと調べてみましたが、イタイイタイ病の文学作品などは、日本の公害病認定第一号だというのに意外と少ない、少ないというか、例えば、水俣病事件とか、足尾鉱毒事件に比べると、ざっと言って一〇分の一もない、もちろん作品数が問題なのではありません。イタイイタイ病には素晴らしいというか、すごい作品もあります。岩倉政治（いわくらまさじ）さんの詩とか、子どもたちにも十分読みこなせるノンフィクション、八田清信（はったせいしん）さんの『死の川とたたかう　イタイイタイ病を追って』など、是非、読んでいただきたい作品があります。

イタイイタイ病はこの世に生きた証である骨まで喰いつくす、岩倉さんの言葉を借りれば、「地獄の絶頂」という表現もあります。患者さんの苦しみがストレートに伝わってきます。イタイイタイ病はこれまでの歴史的経緯の中で、文学作品のほかに写真や演劇などを通じて、ある時は告発者として、またある時は表現者として伝える努力はされてきたとは思いますが、歴史的な完全勝訴から半世紀が過ぎた今も私たちはイタイイタイ病を決して過去のものとして語ることはできません。これからイタイイタイ病をどのように伝えていけばいいのか。きょうは報道写真家の現場での記憶、「ひとりがたり」によるイタイイタイ病患者の苦難に満ちた生涯を具体的に語ることから、イタイイタイ病の多様な表現について考えてみたいと思います。

〈ひとりがたり〉による表現とは

イタイイタイ病裁判で原告患者の筆頭になったのが小松みよさんです。みよさんは一九一八（大正七）年に富山県婦中町萩島（はぎのしま）（現・富山市萩島）で生まれ、三三歳の時に発病、一九八五（昭和六〇）年、六六歳で亡くなるまで、人生の半分をイタイイタイ病と闘ってきました。まさしくイタイイタイ病の生き証人と言えます。ひとりがたりのシナリオ原作は、『イタイイタイ病との闘い　原告小松みよ―提訴そして、公害病認定から五〇年』（向井嘉之著、能登印刷出版部、二〇一八・平成三〇年）で、本書にはみよさんが、法廷をはじめ、テレビ、新聞、雑誌のインタビューなどで語ったイタイイタイ病患者としての苦しみ、悲しみ、怒りなど真実の声・肉声が集められています。

ひとりがたりは演者である金澤敏子が、みよさんの〝思い〟や〝心情〟を受けとめ共感し、苦難に満ちたみよさんの六六年の人生を富山弁で語ります。シナリオ原稿から、患者であるみよさんが体験したリアルな言葉を紹介しましょう。

●昭和初め頃の神通川の思い出

当時の神通川ちゃ、本当に私らのいのちの水やったがよ～。誰でもこの水飲んだし、炊事や洗濯もやっておりました。いまでもはっきりと覚えておりますちゃ。娘のころやったわねえ。野良仕事が終わって、汗をぬぐうがに河原に降りてきましたら、なんと川水が白～なと濁っておりました。でも、それが上流の神岡鉱山の「毒の水」が原因やって知らんかったもんやから、身をこごめ、川面に口をつけて、水を飲みました。その水、本当にうまかったちゃ～。そのころ、神通川でへんな魚を時々見かけたわ。岩陰で、体がくの字のように折れ曲って、やっと泳いどる魚よく見たよ。まるで今の私を予言しとるような姿でしたちゃ。

●イタイイタイ病の症状

私の病の先触れっていうがでしょうか、息子の一郎の入学式の日やった。私が一郎の手を引いて、校舎の階段を上がる時に、腰というか、股というか、妙な痛みを感じたがです。私、三三歳やった。その時からやっちゃ。息を吸っても痛いし、深呼吸しても痛いし・・・。針で刺すようにチクンチクンと、すごく痛くて、体の「全身」に響くがです。最初はあひるが歩くようにして、歩いておったがですが、そのうち、足がだんだんと痛～くなってくるでしょう。家(うち)の中では杖をついて、ゆっくりゆっくりと歩いておりましたちゃ。そしたらね、杖をついておったら手が痛～くなるがです。手が痛くなったらもうダメ。歩けんようになって・・・。大事な田んぼもできんようになりました。

●悩み、苦しみ

夫の俊一のことですか・・・そりゃ悩んだし、苦しみましたよ。私、三三歳の時に発病したでしょ。夫は一歳上の三四歳。二人とも若いがですよ。妻は病気になる・・・。しかも治る見込みは薄くて寝込んだままでしょう。それでいて治療費はどれだけでも嵩(かさ)む、しね、やりくりは大変なが。夫は酒を飲んで夜遅くなるまで家に帰ってこんことも、ありました。今日まで離婚されんかったがは、どれだけ感謝しても足りない思いやっちゃ。私ら一家、あの鉱毒のせいで、ほんとに暗い、暗～い毎日を送ってきましたよ。どれだけ泣いたろうかねえ。まあ、冬なんかね、雪降るでしょう。みんな寝静まってから、よつんばいになって、外へ這(は)って出て、まあ、凍死しようかな、いくら思ったかわからんちゃ。でもね、子どもの一郎の寝とる顔見たと、ああ、この子のためにそんなダラなこと馬鹿なことできんわと思って、我慢してきたがです。我慢したが。

小松みよさん　1918（大正7）年―1985（昭和60）年
向井嘉之提供

●東京の病院（河野臨床医学研究所第二北品川病院）で治療を受ける

私、治療を受けても途中で死ぬかもしれんと思ったがいけど、でも子どものために何とかして生きのびよう、生きたいと覚悟したが。息子の一郎は連れていかれんちゃ。まだ小学生やもん。家に置いてきましたちゃ。私もつらかったですよ。一郎から手紙が届いたよ。「かあちゃん、一郎です。お元気ですか。かあちゃんが富山駅へ行って汽車にのるときに、ぼくはかあちゃんに、『行ったらいや、行ったらいや』と泣きました。汽車は動いて走って行きましたが、ぼくはずっとずっと汽車の後を追いました。」

●四年間の入院生活を終えて

長かったちゃね。そりゃ、嬉しかったですよ。でもねえ、東京で治療したからといって、私の体は完全にちゃ治っては、おらんかったがです。足や腰に痛みはまだあったがですけど、どうにかして家の中は歩けるようになりました。しかし、私の体は、二度と元通りにちゃならんかったがです。見てくだはれ。私の身長、三〇センチも小ちゃ～なってしもうて、子どもの背丈しかないがよ。ホント

背たけが30センチ小さくなったみよさん　向井嘉之提供

に惨めな姿になってしまったちゃ。私たち患者は、何も悪いこと、しとらんがですよ。

●裁判の法廷で患者の思いを語る

原告の小松みよです。嫁に来た時、好き嫌いもなく達者そのものでした。農家に嫁いだ私は、農作業にも出て、清流と信じていた私は神通川の水を飲んで、ノドの渇きを癒しました。しかし、今から考えてみればそれは、「地獄の水」でした。この苦しみは、味わったものでなければ、わかりません。

●一番悔しかったのは三井のことば

私ねぇ、悔し～いことがあるがです。三井金属は、私がいつも公害反対の集会に出かけたり、法廷に出たりテレビに出たりするがを見て、「小松みよは体が痛くないのだろう」と、言うがです。あんまりやっちゃ。私らは今でも体が痛いがですよ。誰がこんな惨めな姿をさらしに、大勢の前へ行くもんですか。痛～て仕方がないもんやから、この事をみんなに知ってもらいたいが。体がいうことをきく限り、どこへでも連れて行ってもらっとるが。それを三井の人は「体が痛くないから」だなんて、本当にまったくひどいわ。自分がこんな思いをしたことがないから、そんなことが言えるがいっちゃ。

●四年と五ヵ月の原告を終えて

裁判が終わっても、患者の苦しみが消えるわけじゃないがよ。私は入院と退院の繰り返し。絶えず不安やった。振り返ると私の人生イタイイタイ病との闘いやったちゃね。私がどうしてイタイイタイ病の闘いをするかっていうたら、私のような苦しみを子どもや孫たち、また嫁さんたちに味わわせたくない、ということなが。この病を私たちの時で終わらせるためには、自分たちが頑張って原因をはっきりさせて、対策をとってもらわんにゃならんがです。私らのようなイタイイタイ病の患者がおったこと、そして今も、イタイイタイ病で苦しんでおられる人がおるということ、このあとも、ずーっとずーっと、決して、決して忘れんといてくださいねえ。

このようにイタイイタイ病の原告患者であった小松みよさんの言葉を、世代を超えて「ひとりがたり」として演ずる機会をいただきましたが、私（金澤敏子）にとって最も印象に残っているのは、小学生への口演に対する感想をもらった時でした。

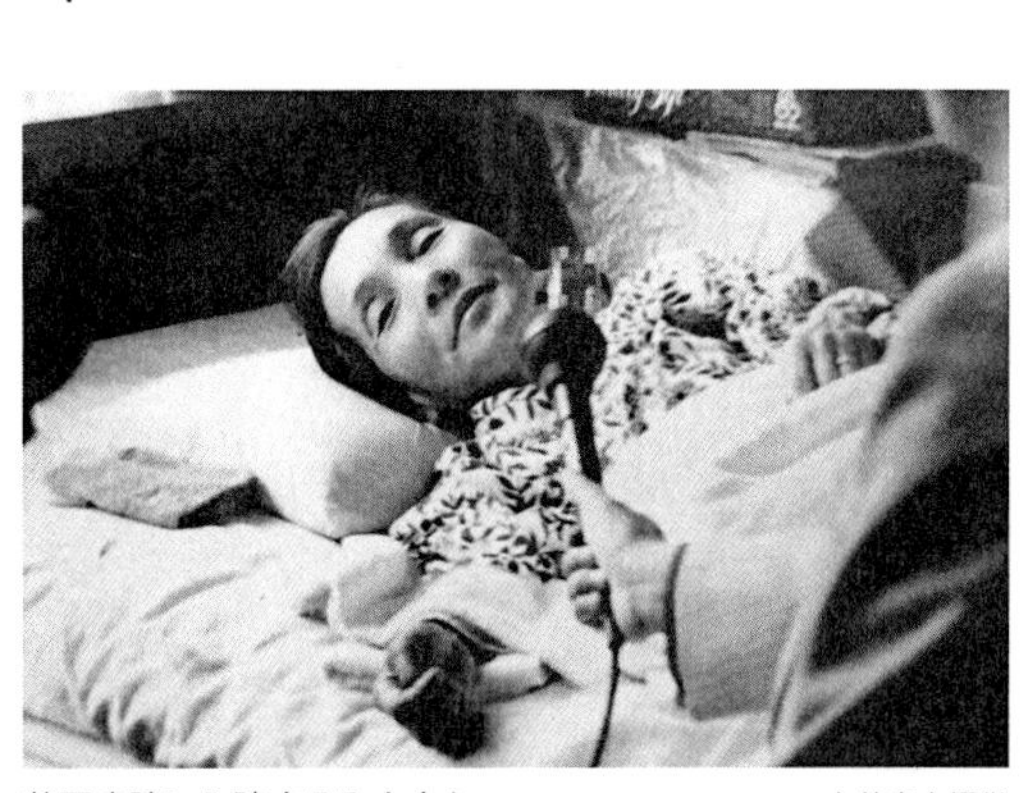

萩野病院に入院するみよさん　向井嘉之提供

■「子どもたちは、金澤さんの声を、みよさんと思って聞いていました」

黒部市立たかせ小学校（二〇二三・令和五年二月）と石田小学校（二〇二三・令和五年三月）五年生を対象に「みよさんのたたかいとねがい」と題したひとりがたりの出前授業を実践。黒部市立小学校社会科専科教員本村雅宏さん（たかせ小・石田小担当）からいただいた感想です。

子どもたちの真剣さに驚きました。声とか人の姿とか、なんでもオンラインで済ます時代に、人が人に伝えることの強さを思い知りました。あれからも、子どもたちはイタイイタイ病のことを聞いてきます。去年資料館をみているはずですが、何のことかわからなかったと言った子がいます。じゃあ、今回はわかったの？と聞くと、病気って苦しい、と言いました。金澤さんからいただいた資料に自分の感じたことも加えて本にしていました。そういうのすごく積極的なんですよ、いまの子どもたちは。だからこそ、伝えていく必要があるんでしょうね。金澤さんが、みよさんの生きざまに寄せた自分として語りますね。子どもたちはその姿に、ことばに、金澤さんの目の前にいた生きている人の姿をみるのです。みよさんのさけび声、震えていたよね。もう会うことはできなくて

たかせ小学校でのひとりがたり　　本村雅宏提供

も伝わる、伝える、受け継がれるものはあります。

つまり小学生にとって最も印象に残ったのは、被害者すなわち患者さん自身の、ひとりの人間としての底知れぬ苦しみ、あらゆる苦痛と差別、そして孤独だったのだと思います。かけがえのない命が奪われた不条理を一瞬のうちに子どもたちは感じとったのでしょう。

「ひとりがたり」という表現は、患者さん自身の生きた言葉をどのように表現するかが問われますが、これからも機会があれば、イタイイタイ病のリアリティを伝える表現として大事にしていきたいと思います。

〈写真〉が告発したイタイイタイ病

水俣病では、ユージン・スミスやアイリーン・スミスをはじめ、桑原史成、塩田武史など多くの著名な写真家が水俣病を写し撮っています。しかし、イタイイタイ病では現地へ足を運んだ写真家は林春希(はやしはるき)さんただ一人と言ってもいいでしょう。一九五〇（昭和二五）年、名古屋市に生まれた林春希さん（自主講座当時七三歳、本名・春樹）は、東京総合写真専門学校の学生だった二〇歳前の一九六八（昭和四三）年夏、イタイイタイ病公害病認定直後あたりから控訴審完全勝訴までの四年あまり、三万枚を超える写真を撮影し、イタイイタイ病の被害者、裁判、住民運動などを記録してきました。現在もフリージャーナリスト・報道写真家として活動しておられます。

林さんが現地へ入り、写真を撮り始めた一九六八（昭和四三）年は、イタイイタイ病にとって、まさに激動の年でした。すなわちこの年の三月九日、小松みよさんら患者九人と遺族一九人のあわせて二八人によって、イタイイタイ病訴訟が富山地方裁判所に提起されました。その二ヵ月後の五月八日、国がイタイイタイ病を初の公害病と認定する厚生省見解が発表されたのです。林さんはこのあとすぐに婦中町（現・富山市）に入りました。

裁判では、証人の証言とともに、神岡鉱山や婦中町の地元などで現場検証が行われました。林さんのカメラは、法廷とともにこうした現場検証に臨む患者・住民・支援者・会社側のさまざまな表情を捉えています。一九七一（昭和四六）年六月三〇日、日本の公害裁判で初めて被害者が勝利、林さんはこの第一審判決を経て、一九七二（昭和四七）年八月九日の控訴審全面勝訴確定まで現地に足を運びました。裁判という被害者にとって過酷な状況の中で、林さんのカメラは終始、患者たちに寄り添っていたのです。

林さんが撮り続けた原点は何なのか。何を表現しようとしていたのか。林さんが撮影した写真を会場で公開しながら金澤敏子が林さんにインタビューしました。

（今回紹介した写真はすべて富山県立イタイイタイ病資料館提供による）

林春希と金澤敏子によるスライド・トーク

（金澤）今から五四年前に、名古屋市の生まれで東京の学生だった林さんが、富山県婦中町へ来てイタイイタイ病を撮影されました。そのきっかけは何だったんですか。

（林）当時、私は東京総合写真専門学校に入ってまして、夏休みの課題としてグループでテーマを決めて何かに取り組むことになったんです。学校の先輩に水俣病を撮った桑原史成という有名な人物がいたということ、またグループ九人の中に砺波（富山県）出身の仲間もいたこともあって、イタイイタイ病をグループの課題にして取り組みました。

（金澤）テント生活をしながら撮影をしていたと聞いていますが。

（林）初めは何を撮っていいかわからないし、神通川の河原にテントを張って寝泊りしながら萩野病院に行ったりしていたんです。そのテントがちょうど小松義久会長さんの家の前の河原にあったもんですから、会長が「大雨降って増水したら流されて大変なことになるぞ」と言われて、僕たちを小松さんの家に引き入れてくださったんです。

一ヵ月ほど患者さんたちはじめいろいろの場面を撮ったあと、大きくパネルにして一〇月に富山駅前や富山大和（デパート）のギャラリーで写真展をしました。グループは解散したんですが、私だけ小松会長の家に寝泊まりしていたんですね。会長と一緒についてくる若者なら、ということで、患者さん宅や病院など何の警戒心も持たれることなく写真を撮ることができました。

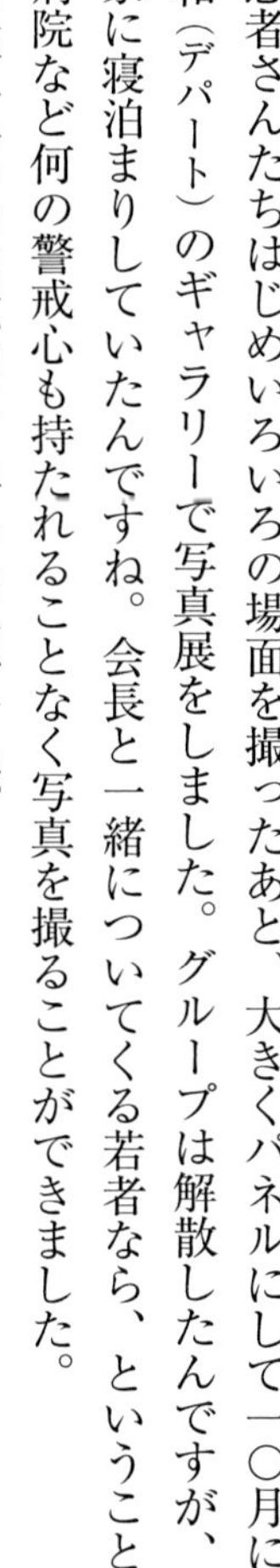

（金澤）加害企業の岐阜県の神岡鉱山にも行ったんですね。

林春希さんと金澤敏子　志甫さおり撮影

（林）八月でした。原因物質を観たいし、神岡鉱業所の会社の外観も撮ろうと、高原川をはさんで対岸から撮りました。排煙は上がるし、排水は流れるし、栃洞の廃棄場、和佐保堆積場も行きました。泥みたいなのがたくさん溜まってました。もの凄い量でしたよ。びっくりしたし、ショックでした。鉱山の中腹のところに看板が立ってましてね、「安全第一」と書いてあるんです。全く周りの周辺のことを考えない「安全第一」なんて、いかにもしらじらしい看板ですよ。考えるのは自分たちだけの安全ってことでしょ、周囲は草木が枯れてしまってはげ山みたいに全然ないんですよ。

（金澤）萩野病院には何度も行かれました？

（林）しばらくすると小松さんと一緒でなくても、私ひとりで患者さんたちの日常を撮れるようになりました。たまたま私が病院にいると小松さんがこられて、先生と気軽に打合せなんかされるんです。萩野先生からイタイイタイ病のレクチャー受けましたよ。患者さんの話や、病気の原因を突き止めるための話も色々聞かせていただきました。勉強になりましたですね。

神岡鉱業所の「安全第一」の看板：1968年
イタイイタイ病資料館提供

萩野病院の萩野医師と小松会長　1968～1969年頃
イタイイタイ病資料館提供

(金澤) 提訴してからですが、裁判官が被害地域の住民のみなさんの住まいや、田んぼ、用水、そして神岡鉱業所など現地を見て回るという現場検証がありました。

(林) 神岡鉱業所へ行ったんですね。すると、対策協議会の人が整然と「イタイイタイ病根絶」「被害者救済」と書かれたムシロ旗を立てまして、みなさんが大声でシュプレヒコールをする訳ではなく、静かに整然と抗議をしていました。六郎工場にも行きました。工場の門を挟んで向こう側が三井金属の社員で、手前が支援者で、両者向かい合うわけです。ヘルメットを被っているのが警察官で、神岡が警察官を要請したんでドケドケといってもみ合いになりました。支援グループの対策会議の事務局長で県議会議員の横山真人さんがですね、会社側の人に抗議するという場面もあって、両者の間に小松会長がだまって立ちすくむというか、とにかくピリピリ緊張する場面でした。

(金澤) 現場検証は神通川流域の合口(ごうぐち)用水周辺でも実施されました。

(林) この時は用水のすぐ近くにある、高木良信さん宅の前の道を裁判官が通るということで、お家(うち)におられる患者さんだけじゃなく、病院に入院しておられる患者さんが、痛みを押して病院から駆

第１回現場検証、六郎工場　1968年　　イタイイタイ病資料館提供

けつけられたんですよ。患者さん立っておられますが、杖をついてねえ。皆さんタスキを掛けてずーっと待っていたんですが、中にはしびれ切らして地べたに座られる人が何人もいました。お体の良くない患者さんたちが裁判官を待ち続けている。私たちをきちんと見てほしい、という執念というものを私はこの時に感じました。

（金澤）林さんは入院患者さんの足元にもレンズを向けています。

（林）病院から駆け付けた患者さんお二人。お一人は草履を履いておられるんですが、もうお一人の方は、病院のスリッパなんです。現場検証に裁判官が来られるというのでいてもたってもおれなくて駆けつけたんでしょうね。裁判官が原告患者の生の声を直接聞くということ、直接聞かないと本当の痛みが伝わらないですよね。

（金澤）法廷です。林さんのカメラは原告、被告、弁護団、裁判官等様々な表情を捉え

入院患者さんも現場検証に参加　1969年 イタイイタイ病資料館提供

スリッパで駆け付けた患者さん　1969年 イタイイタイ病資料館提供

ています。

（林）今では考えられないんですが、裁判席側から原告を撮った写真です。原告の方が裁判官が入って来るのをじっと待っています。普通は原告の方が座られる前にはカメラが立ち入れないんですが、その頃規制がなかったんでしょうか、私は原告の皆さんを正面から撮りたいと前に出ました。柵の前が原告席で柵の後ろの方が傍聴席なんです。

（金澤）傍聴席の一番前に座っている背広姿の二人なんですが、なんですか耳打ちのひそひそ話してますが・・・。

（林）三井金属鉱業の人です。傍聴席ですから誰でも入れますので、一番前の席、原告のすぐ後ろに座ることできたんです。原告の親戚の方を差し置いて前に座っている。わるい言い方すればですね、どの面下げてここに来ているんだろう、という感じはしました。

（金澤）裁判の中で、被告の三井金属鉱業から鑑定の申請が出ていましたが、一九七〇（昭和四五）年一一月に裁判長は被告の鑑定申請を却下しましたね。

（林）はい、却下が出まして、イ対協と支援グループのイタイイタイ病対策会議は富山市内をデモ行進しました。みなさん、勇ましいというか、晴れ晴れとした、胸を張って生

開廷を待つ原告と、傍聴席の最前列に座る三井の社員　1969年
イタイイタイ病資料館提供

き生きとした顔しておられましたよ。真ん中が小松会長で、左隣が弁護団の近藤忠孝さん、右隣が富山県イ病対策会議の森田徳政会長さん。デモ行進したあとですが、富山市の中心部に行きまして、被害者の皆さんがビラ配りをしました。

（金澤）イタイイタイ病の裁判は、昭和の住民運動として全国の先駆けとなる素晴らしい闘いでしたね。そして、いよいよ判決がでる前日の夜、六月二九日、富山地方裁判所の周辺を取り囲むようにずらりとテントが並びました。裁判を徹夜で過ごし朝を迎えたわけです。

（林）そうなんです。判決の出る前の日、地元の人などたくさんの人が徹夜で座り込みをしたんです。

鑑定却下に富山市内をデモ行進　1970年
イタイイタイ病資料館提供

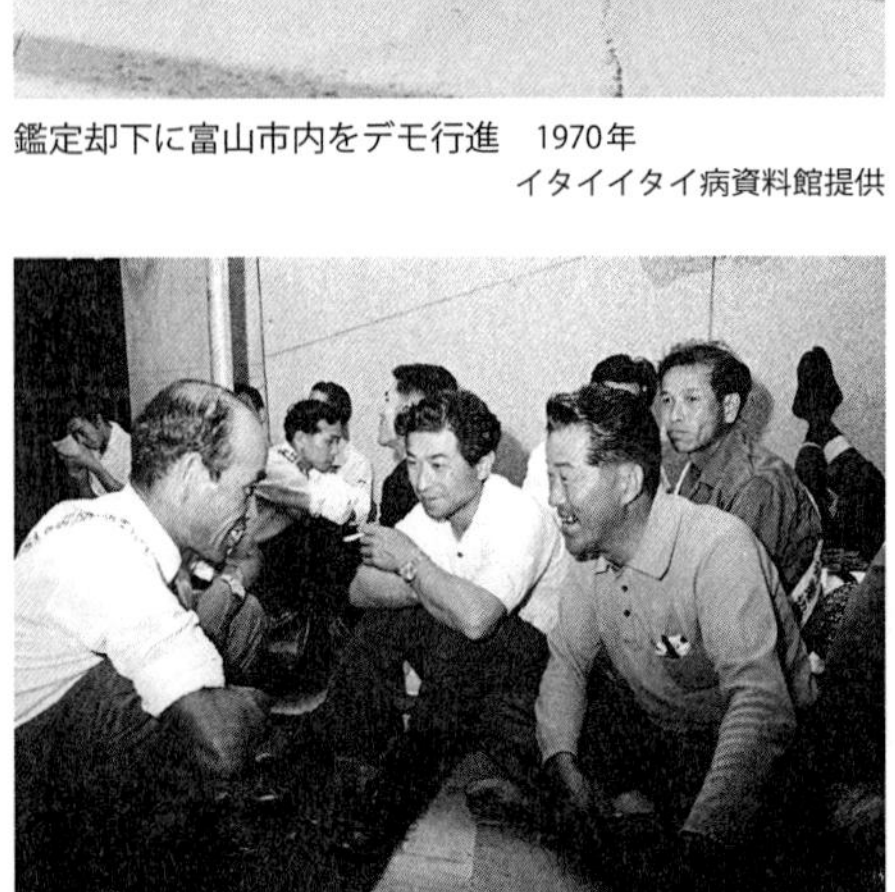

座り込みの中で打合せをする小松会長と高木、江添両副会長　1971年
イタイイタイ病資料館提供

この写真は三人揃ってテントで打合せ。小松会長と高木副会長と江添(えぞえ)副会長の三人が揃いまして、小松会長は「明日の判決は絶対勝つんだ」という、意気込みですね。小松会長は非常に温和な方ですが、その中にも強い決意を秘めた方でしたよ。

(金澤)六月三〇日の富山地方裁判所です。朝一〇時八分、地裁に集まった人々から「原告勝利」「勝利バンザイ」の喜びの声が上がりました。故江添チヨさんの夫の栄作さんは、妻チヨさんの遺影を高く掲げ喜んでおられました。

(林)ものすごい人でしたよ。マスコミも公害裁判の最初の勝利判決が出るというので、全国の応援団が詰めかけました。歴史歴な瞬間でしたね。

何しろ原告のみなさんは戸籍をかけた闘いでしたし、勝利声明を読み上げる小松会長は声高らかに読み上げられておられました。喜びもひとしおだったかと思います。

(金澤)裁判所の中庭は約五〇〇人の人波で埋まったそうです。林さん、勝利判決の夜には賠償金の受け渡しがありましたが。

(林)はい、富山駅前にあった県労協の会館が会場で、私は賠償金全額六六〇〇万円の受け渡しの現場にいました。テーブルを挟んで三井と原告が向き合っているんですよ。原告のみなさんは冷静。興奮する訳ではなくて、当たり前に勝ち取ったんだと

賠償金の現金受け渡し　1971年　イタイイタイ病資料館提供

いうので、札束を受け取る瞬間は拍手ひとつないんですよ。お金を貰ったってすべてが報われるものじゃありません。この札束ですが、小松会長が風呂敷に包みまして抱え込んで、小松会長の車で、私が運転しまして、真夜中に婦中町まで運んだんです。六六〇〇万円持って危ないですよ、今思えば良く運転したな～と思いますけど。夜中ですから保管場所がないんですね、小松会長は役場か農協だったかな、どこかの金庫に入れたと思うんです。

（金澤）一九七二（昭和四七）年八月九日の控訴審判決、林さんは名古屋高等裁判所金沢支部にいました。

（林）原告の完全勝訴でした。これで三井もグーの根も出ないだろうということですね。「勝訴」と書かれた紙には、全国から集まった支援者の寄せ書きがびっしり書き込まれていましたね。この日は、遺族の方が遺影をもってみなさん裁判所に駆けつけられました。みなさん、遺影を胸に金沢支部を出られて、市内をデモ行進しましたよ。

翌日には、東京にある三井金属鉱業の本社で直接交渉がありまして、私も支援者の人と一緒に夜行列車に乗りました。たくさんの支援者は本社を取り囲むように並び、東京の道行く人々はびっくりしたと思います。

（金澤）提訴してから一八人が、勝訴の判決を聞くことなく亡く

遺影を手にした原告の人びと　1972年　イタイイタイ病資料館提供

なられました。林さんは患者さんのお葬式にも立ち会っておられます。

（林）小松会長は真夜中でも、患者さんが亡くなられたと聞くとすぐにお宅へ駆けつけておられました。私も小松さんに同行しまして、お通夜から葬式、そして野辺送り、火葬場までの一連の写真を撮らせていただきました。ご遺族の悲痛な思いを直に感じました。

（金澤）林さんは四年間イタイイタイ病の身近にいました。カメラを通して表現したかったことは何でしょうか。

（林）「公害」というのは決して忘れてはいけないもので、記録として残しておかなくてはいけないものです。これからも必ず残さなくてはいけないものです。当時は、このイタイイタイ病という公害の記録を写真で誰も撮っていませんでしたので、私としては使命感と言いますと、大げさかもしれませんけれども、自分が撮ることで残せる、残ってくれればいいな、という思いでした。

イタイイタイ病患者の野辺送り　撮影年不明　　イタイイタイ病資料館提供

（金澤）今日は、林さんからイタイイタイ病を風化させてはいけないという思いをしっかりと受け止めました。写真学校の学生グループの中で林さんだけが婦中町に残り、小松会長の出向くところ一緒に行動し撮影したことで、イタイイタイ病の貴重な資料を記録として残すことができました。林さんが撮影されたからこそと、富山県民のひとりとして感謝いたします。ありがとうございました。林さんが撮影された写真五〇〇〇枚あまりは現在富山県立イタイイタイ病資料館にデーター保管されています。

〈演劇〉言葉が持つ痛切な響き

イタイイタイ病を未来に伝えるとはどういうことなのか、世代や時代を超えて公害経験の何を語り継ぐのか、「イタイイタイ病学」にとって「イタイイタイ病の表現」は最大の課題といっていいと思います。今回は「ひとりがたり」、「写真」という方法で、イタイイタイ病を表現しましたが、実は演劇という手法でイタイイタイ病の真相に迫った恐るべき作品があります。「神通川―痛き歴史の中より―」という、劇団青俳によって上演されたこの作品の初演はなんと一九六九(昭和四四)年でした。まだイタイイタイ病訴訟の一審判決が出る前です。

■「神通川―痛き歴史の中より―」公演：劇団青俳　作＝本田英郎　演出＝今井　正

(公演) 東京：一九六九(昭和四四)年五月二七日～六月七日　富山市：九月四日　高岡市：九月五日

魚津市：九月六日

内容：富山県神通川流域でイタイイタイ病を最初に取り上げた医師や、病に苦しむ農民たちの姿を描き、公害の真相とその実態を追及する。

農民夫婦：木村　功、岩倉　高子　夫婦の母：市川夏江　夫婦の娘：宮本　信子　医師：織本順吉ほか本田英郎によるシナリオは神通川流域の農民を軸に据えて、太平洋戦争の戦中から戦争直後のイタイイタイ病激甚被害期に焦点を合わせ、歴史とは何か、農民とは何か、そして民衆とはなにかを現在進行形で展開します。突然、神岡鉱山（シノリオでは神原鉱山）から逃げ出してきた朝鮮人が登場するかと思えば、カドミウムというイタイイタイ病の原因となった重金属の世界の文献が明らかにされます。そして、イタイイタイ病に苦しむ患者家族の葛藤に挟み込むように朝鮮戦争が入ってきます。朝鮮戦争は戦後の神通川流域をイタイイタイ病の野辺にした重金属の需要を生み出したのです。作者の本田はこのように、歴史を過去に埋もれさせることなく、構造的に捉え、一九世紀の足尾鉱毒事件の足音さえ、聞こえてくるような舞台を創りあげました。おそらく、丹念に歴史を調べ、現場を歩き、第一審判決の前にこのシナリオを書き上げたのです。舞台で吐きだされる言葉の痛切さ、そのリアリティは見事なまでにイタイイタイ病の現在を表現していました。ご参考までに一人の男のセリフをご紹介しておきましょう。

▼妻をイタイイタイ病で死なせてから、酒びたりの毎日を送っている男のセリフ

（『テアトロ』一九六九（昭和四四）年、No312より転載）

とにかくよ、寝込んでしまったらタレ流しで万事カタがつくが、、、ウィ、な、なまじ動けるうちが大変や。こ、こうやってしゃがめば・・・腰の骨がギリギリ痛んでよ、（中略）もう恥も外聞もあったもんやない。女だてらによ、こう突っ立ったまんまで、シャーっと立ちションベン、ウイッ。

（略）青木のばばあだよ。焼場のカマ入って、ものの二〇分も、たつかたたねえうちに、、、はい焼きあがりました、と来たもんや。う、うなぎだって、そう手軽にゃ行かんぞ。おまけによ、出てきた骨は、ほんのこんくれーしか無く、箸でつまもうとしたら、カサカサッとこわれて。（中略）ノ、ノド仏がよ、ひょいとやったら、クチャクチャ。張あいがないのなんのって・・・。

（窪邦夫さん提供台本より）

実はこの舞台にはイタイイタイ病原告団を支援する「イタイイタイ病対策会議」のメンバーで作家の岩倉政治さんの次女・岩倉高子さんが登場しています。高子さんは当時、「劇団青年座」に所属していましたが、「神通川―痛き歴史の中より―」の公演に特別出演しました。公演に至るまでの間に、父・岩倉政治さんと娘・高子さんの会話において、人間の骨まで奪いつくすイタイイタイ病の恐怖が語られたことは想像に難くありません。

演劇でさらにつけ加えておきたいのは一九八四（昭和五九）年、高校生によって上演された「神の川」です。

■**「神の川」**　公演：県立富山女子高校演劇部　作：窪　邦夫　一九八四（昭和五九）年に富山市で上演

内容：ひとつの家族の暮らしを通して、イタイイタイ病の悲惨さ、不幸を表現しながら現代社会の公害への憤りを訴える。

▼イタイイタイ病患者の母親と暮らす家族。同居する夫の姉と、妊娠した妻との会話

姉「いいの、弁解なんか聞きたくないから・・・おろしなさい。そのお腹の子。」
妻「お姉さん、子どもだけは生ませてください。お姑さんの世話は、決して、お姉さんにご迷惑かけませんから・・・」
姉「迷惑かけないって？現に、あなた、まだ私にお母さんを看させているじゃない。姑の病気は長男の嫁が看る―昔からそうきまっているのよ」

一九八四(昭和五九)年といえば、すでにイタイイタイ病訴訟控訴審で原告の完全勝訴が確定してから一〇年以上が過ぎていましたが、言葉の響きは決して過去の風景ではありません。富山の近現代史といえば、富山大空襲や米騒動そしてイタイイタイ病などがあげられますが、演劇のセリフを聞くと、あらためて歴史の厳しさ、常に現在に立ち向かってくる演劇を感じます。

二つの演劇で語られた被害者の言葉は人間としての生きざまを根こそぎ奪い、人間としての尊厳どころか、もはや絶望的な姿しかない「生」でした。「神の川」では差別と侮辱が当然のように語られるし、「神通川―痛き歴史の中より」では、この世に生きた最後の証である「骨」さえ残さないイタイイタイ病の闇をあぶり出しました。実は私自身、昨年、二〇二二(令和四)年、あらたにイタイイタイ病の認定を受けた九一歳の富山市の女性患者のKさんにお会いしました。小柄で細身のKさんはゆっくりゆっくりと歩き、応接間のソファーに腰掛け、今も痛む膝をさすりながら話してくれました。

「小さい頃から田んぼを手伝っておって、田んぼ仕事の時は、お茶の水筒など持って行かんでしょ。田んぼの脇を流れる新保(しんぼ)用水の　水は透き通りスキスキでね、下の石まできれいに見えたわ。おいしかった！うつむいて川に顔を突っ込むようにして飲んだ。コップなんか持って行かんもんに。毒の水やって思わんもんですしね。」

かけがえのない一度きりの人生をイタイイタイ病という公害のために絶望的に送らねばならないとしたら、患者さんたちの最後の願いは「自分たちのいわれなき苦難をわかってほしい。そして自分たちの無惨な死を決して忘れないでほしい」ということだと思います。「金などではない。謝れ。そしてひたすら忘れるな！」。林さんの写真からも、耳を澄ませばそのような声が聴こえてくる気がします。それこそまさに伝え続けねばならない沈黙の声です。

実はイタイイタイ病訴訟渦中の一九七一（昭和四六）年、神通川流域の被害者たちを訪ねた映画監督の故大島渚さん（一九三二―二〇一三）は、どっとこみあげる涙を押さえることができず、「彼女らは命と信じて地獄を飲み干したのであった」と書き残しています（「憎き〝カドミ〟が骨を喰う」一九七一（昭和四六）年『潮』一二月号。患者、家族、遺族の三五人を取材）。

以下は大島さんの取材記録から引用した三編の患者さん、家族たちの言葉です。

●「まさにこの世の地獄絵」永井きみ子さん（一九四八・昭和二三年、五七歳で亡くなった義母を看病）

フロに入れては折れ、寝かせては折れしてね、そして骨が折れると、そこで血のかたまりができて、黒い節になるんですチャ。（中略）便所のほうも、半分たれ流しみたいな状態でしょ。もうくさいのと、痛いのとで誰もそばに近づけなかったですチャ。それにノミやダニがたかってねぇ。

そりゃあ、まったく生き地獄だったたですチャ。

●「それは地獄風呂でした」高木長信さん（一九五五・昭和三〇年、六二歳で亡くなった母を看病）

それは、もう痛い痛いと泣きながらの二十年でした。（中略）モッコのままフロに入れたものです。母が湯につかると同時に父が裸になって入り、下々まで洗ってやる。妻は外に待機していて、自分の手で届くところを洗うというぐあい。まさに地獄フロそのものとでもいうのでしょうか。

●「〝笑い〟を忘れて十年」数見かずゑさん（患者さん、一九七一・昭和四六年取材当時六四歳）

からだ全体が注射針にでもチクチク刺されるように痛くて、足のやり場もない。腰にはガラスの破片でも入っているみたいに疼くのです。ちょっとでも動こうものなら、節がポキポキ音をたて、腰の付け根あたりが猛烈に痛んできます。（中略）私は何の罪を犯したというのでしょう。なぜ、このような苦しみ背負って歩かねばならないのでしょう。この十年、私の顔から笑いも消え失せていました。

ひとりの表現者として現地を訪れた大島さんは、このように被害者や家族のリアリティにあっという間に寄り添い、痛みを共有しはじめたのです。そして「病気の発見も原因の究明も何もかもがあまりに遅すぎる」「この地獄は、なにゆえにこの地域に埋められたまま発見されることがなかったのか」という問いに絶叫します。自らへの問いは、やがて社会への問いになり、被害者の発する言葉は表現者への共感となり、時には鋭い告発となっていきます。

イタイイタイ病は一〇〇年を超える歴史の中で、あまりにも人の命が顧みられることがありませんでした。いったいどれだけの人がイタイイタイ病で亡くなったのかの記録さえないのです。「謝れ。そしてひたすら忘れるな！」。この言葉が蘇（よみがえ）ります。

イタイイタイ病の表現と現代

イタイイタイ病は歴史的な裁判勝訴から半世紀、そして加害者との全面解決から一〇年という節目になりますが、日本の公害病第一号としてこれからも命の尊厳を伝えつづけなければなりません。被害者の発した言葉は表現者に僅かでも共有され、イタイイタイ病を問い続けるリアリティの力となります。

富山県歌人連盟が今年、二〇二三（令和五）年に発行した短歌雑誌『短歌時代』五―六月号に木下晶さんが発表した一二首は、「イタイイタイ病勝訴五十年」の歴史が短歌という詩型として表現されています。その中から三首を転載させていただきました。

イタイイタイ病原告勝訴五十年

神通ふ大河を穢せし神が岡世紀を超えし近代の闇

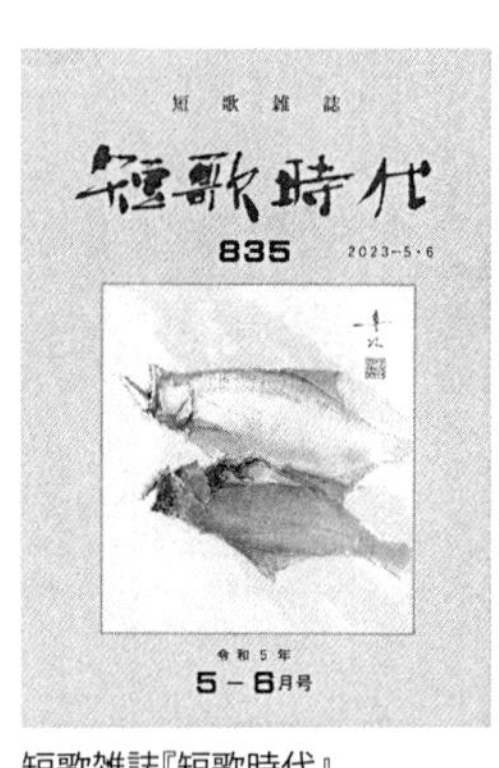

短歌雑誌『短歌時代』
2023年5・6月号、短歌時代社
上田洋一提供

屋の奥に身じろぎならず慟哭す骨蝕まれゆく長き年月

発病の機序明らかにならぬまま被害認定未だ続けり

一九世紀に神岡鉱山に端を発したカドミウムの毒流は神通川流域の沃土（よくど）を穢（けが）し、この国の近代化に惨禍をもたらしました。それは被害者にとって「イタイ、イタイ」としか言葉を発することができない慟哭（どうこく）の日々だったのです。生き地獄を牛んだイタイイタイ病発病のメカニズムは、加害企業の進出から三世紀を経た二一世紀になってもその全体像は明らかになっていません。今もなお認定患者が現出し、その裾野には先駆症状であるカドミウム腎症の患者群が拡がります。これがイタイイタイ病の「現代」です。

今回「イタイイタイ病の表現とリアリティの力」と題して、イタイイタイ病を未来に伝えるとはどういうことなのかを、「ひとりがたり」「写真」「演劇」「短歌」などを例に考えてみましたが、近代化一五〇年の時間軸の中で、イタイイタイ病事件はなぜ発生したのか、そしてそれはどのような道を歩んだのか、苦難の中で被害者はどのような声を上げてきたのか、今こそ学び直さなければならないと思います。まぎれもなくそれは「イタイイタイ病学」の本質です。

イタイイタイ病を真摯（しんし）に全身で受け止め、被害者の言葉をかみしめながら、イタイイタイ病の本質を語り合い、きっちりと残していくことこそ、現代に生きる私たちの責任ではないかと思います。イタイイタイ病の新しい表現が生まれることを切に期待します。

第六回　イタイイタイ病はどのように語られ
そして語られなくなっていったのか

吉井千周

1　イタイイタイ病「学」はどのようにして成立するか

1・1　自己紹介

富山大学で法社会学を研究している吉井と申します。私は、「優れた法制度があるのに政治的弱者の権利が守られない状況が生じているのはなぜだろう」ということを研究しています。「法化現象」というのですが、世界中の国家では法制度が整備されており、困った人、苦しい人を助けるための制度が整っています。どんなに苦しんでいる人々でも助け合える制度が整っており、「苦しんでいる人は現代社会にはいない」はずです。しかし現実には法制度が整っていても、その小さなザルの穴からこぼれ落ちてしまって、救われない人々が存在します。女性差別、外国人差別、障がい者差別などなどみなさんも見聞したことがあるのではないでしょうか。イタイイタイ病の被害者についても同様です。富山県公害健康被害認定審査会による審査制度が機能しているからこそ、県が定めたしきい値以下の症状が軽い方への認定が遅れてしまいました。法制度が整備されているから、人々が救われないのではなく、整備された法制度そのもののうちに人々の権利を否定するような問題が内包されているのではないか、と、そんなことを研究しています。

1・2 トラブルの発生とその解決

法律の専門家というと、例えばトラブルなどが発生したとき、法律をよく知っている専門家として登場し、六法全書を駆使して問題を解決する、とそんなイメージを持っている方が多いです。「Aさんと B さんのトラブルについては、民法に照らし合わせてみると、Aさんのほうが正しい」なんてスパッと問題を解決する。そういうのが法学の専門家だと思っている方もいらっしゃるかもしれません。

でも実はトラブルの発生から解決に至るプロセスは次のような形で進みます。

弁護士や検察が集めた証拠は「何が起こったか」を様々な手法を使って収集したものです。証拠を集めた過程の中で、事件の全体が見えてくるようになります。その次に裁判官が考えるのは、トラブルの決着の方法です。二者間のトラブルについて、どういう形の決着があってしかるべきなのか考えます。そして最後に登場するのが法律です。法律を用いることで、どのような根拠を与え、先に描いた問題を解決できるか、考えます。

この解決法の要点は、「しかるべき解決策」がわたしたちの生きている社会の中にある、ということです。それは「多数決による正義」を意味するわけではありません。世の中で必要とされる解決策について、長期的視座から判決文は書かれます。決して、世の中に生じたトラブルを六法全書という万能の書を片手に一方的に断罪して、正義を押しつけるようなものではないのです。

しかし、みなさんもご存じの通り、紛争が発生した際に「何が生じているか」を全体的に捉えることは、非常に難しいことなのです。「なんでも訴える」ことを難しくしている元凶の一つが「世間」というものの存在です。イタイイタイ病であることを隠し、症状が出ても声に出せない方はこれまでたくさんいらっしゃいました。そして、イタイイタイ病は、すでに二〇一三（平成二五）年一二月一七日に神通川流域カドミウム被害団体連絡協議会（被団協）と原因企業の三井金属鉱業および神岡鉱業との間で締結された「神通川流域カドミウム問題の全面解決に関する合意書」によって「解決済み」となってしまっています。こうなるとそのあと生じた様々なトラブルを声に出して問うことは非常に難しくなっていきます。

1・3　イタイイタイ病と科学

「完全な解決なんて不可能ではないか。せめて被害をうけた方々が救済されれば、それで問題は解決されていると見なしてよいではないか」と思う方もいらっしゃるかもしれません。しかし本当にそれでよいのか、とも私は考えます。だからこそ、私はイタイイタイ病「学」として、イタイイタイ病を捉え直すということに大きな意味があると考えています。

近年再び脚光を浴びている、吉野源三郎による『君たちはどう生きるか』を読まれたでしょうか。この小説には、主人公のコペル君と叔父さんとの間で、ニュートンの万有引力の発見を素材に、科学に関する基本的な姿勢「反証可能性」に関する話題が登場します。日常生活のすぐそばにある林檎の木をじっくり観察して、科学として数式化して捉えることができたなら、どんなに遠い世界であっても説明できるという現代の寓話です。

僕が大学生になってから、あるとき、理学部にいっている友だちに聞いたら、その友だちは、多分ニュートンの頭の中では、こういう風に考えが動いていったのだろうと、説明をしてくれた。それを聞いて、僕は、初めてなるほどと思ったね。……林檎は、まぁ三メートルから四メートルの高さから落ちたんだろうが、ニュートンは、それが十メートルだったらどうだろう、と考えて見た。もちろん、四メートルが十メートルになったって変りはない。林檎は落ちるに決まっているね。では十五メートルだったら？ やっぱり落ちてくるね。二十メートルだったら？ 同じだね。百メートル、二百メートルと、高さをだんだん高くしていって、何百メートルという高さを考えて見たって、やはり、林檎は重力の法則に従って落ちてくる。だが、その高さを、もっともっとまして、行って、何千メートル、何万メートルと言う高さを超し、とうとう月の高さまでいったと考える。それでも林檎は落ちてくるだろうか。重力が働いている限り、無論、落ちてくるはずだね。林檎には限らない、なんだって落ちて来なければならないはずだ。[1]

それから、月と地球との距離を計算したり、月に働く重力や地球の引力を計算したり、長い間、大変苦心して、とうとうそれを証明してしまった。その結果、とてつもない広い宇宙をぐるぐる回っている星の運動も、草の葉っぱからポロリと落ちる露の運動も、同じ物理学の原則から、きれいに説明されることになった。つまり、一つの物理学が、天界のことも、地上のことも、同じように説明できることになったんだね。これは、もちろん、学問の歴史からいえば、非常に偉い事業だった。[2]

イタイイタイ病に目を移してもこのニュートンの例と同じことが言えます。イタイイタイ病は富山に生じた悲しい事件です。しかし、この事件を正面から捉えることを通して、わたしたちはこの社会のあり方を捉えることができ、遠い地域の問題解決をも行えるのです。

このような主張は決して私のオリジナルではありません。水俣でスタートした「水俣病学」の提唱者、原田正純先生も同様の趣旨を「水俣病学」のスタートに設定しています。

「水俣学」は水俣病の医学的な知識を普及、啓蒙するための「水俣病学」ではない。専門家や学問のありようから、この国の政治や行政のありよう、そして個人の生きざままでさまざまな問題を水俣病事件に映してみて何が見えてくるかを探るエキサイティングな知的作業である。[3]

誤解されないで欲しいのですが、わたしたち研究会のメンバーは遠い世界を見るための道具としてイタイイタイ病とその被害者の方を使いたいわけではありません。「学」という名前がつくと、学術的な問題を優先して、被害者やご家族のお気持ちを無視して切り刻み、分析対象として見ているように思われるかもしれません。しかし、富山で生じたイタイイタイ病は、この土地に偶然生じたことではなく、実は世界中で起きている社会的弱者をめぐる現象の一つであると思うのです。畑明郎先生の指摘では、中国・台湾・韓国そしてアジア各国でカドミウム汚染が進んでおり、中国の広西壮続自治区ではイタイイタイ病と同種と思われる病気が発生していることが指摘されています（1）。今なお富山でも問題が累積しているイタイイタイ病はもちろん、同種の遠い土地で起こっている問題をもう起こさないようにすることは、富山に住む方だけでなく、人類に課せられた宿題だと思います。この富山だからこそ、わたしたちだからこそ富山をスタート地点に、世界をゴールに設定できるのだと思います。

2　メディアにおける「イタイイタイ病」の数量分析

2・1　イタイイタイ病のイメージ形成

さて、今回イタイイタイ病研究会に参加するにあたり、「これまでイタイイタイ病がどのように語られてきたのか」ということについてみなさんと考えてみたいと思います。こういった研究を言説分析（ディスコーススタディー discourse study）というのですが、「イタイイタイ病が新聞などのメディアでどう語られ、どのように語られなくなっていったのか」について数値データを用いて語ることが今回の趣旨になります。

イタイイタイ病についてわたしたちは、誰もが例えば被害者、原因企業、マスコミといったそれぞれの立場から離れて論じることはできません。「イタイイタイ病」に対してみなさんが持つイメージは、人に応じて異なっています。本当ならば、富山県で生活するみなさんに「イタイイタイ病についてどのようなイメージを持っていますか」とアンケートでおたずねできれば一番良いのですが、時間的にも予算的にも無理なようです。そこで、今回は書籍・雑誌・新聞などのなんらかの活字となって現れているイタイイタイ病という言葉を通して、見える世界を考えていきたいと考えています。

2・2　イタイイタイ病関連の書籍がどのタイミングでどの程度発行されたか

まず、イタイイタイ病関係の書籍はこれまで何冊発行されたのでしょうか。書店に流通していない私家版の書籍も含めると無数に書籍があると考えられるものの、今回は、国立情報学研究所で把握している書籍というフィルターをかけて、その調査対象としました。国立情報学研究所では、一般にはあまり知られていないのですが、研究者が論文を書く際に先行研究調査のために頻繁に使用するCiNii Researchを運用しています。こちらのデータベースを元に、これまでどれだけイタイイタイ病関連書籍が発行されたかを示したのが図1です。一九六七（昭和四二）年に富山県が発行した『富山県地方特殊病対策委員会報告書：いわゆるイタイイタイ病に関する調査研究報告』を最古のものとして、二〇二三（令和五）年の向井嘉之・金澤敏子・高塚孝憲『神通川流域民衆史：いのち戻らず大地に爪痕深く』能登印刷出版部まで、八七冊の書籍が確認できます。

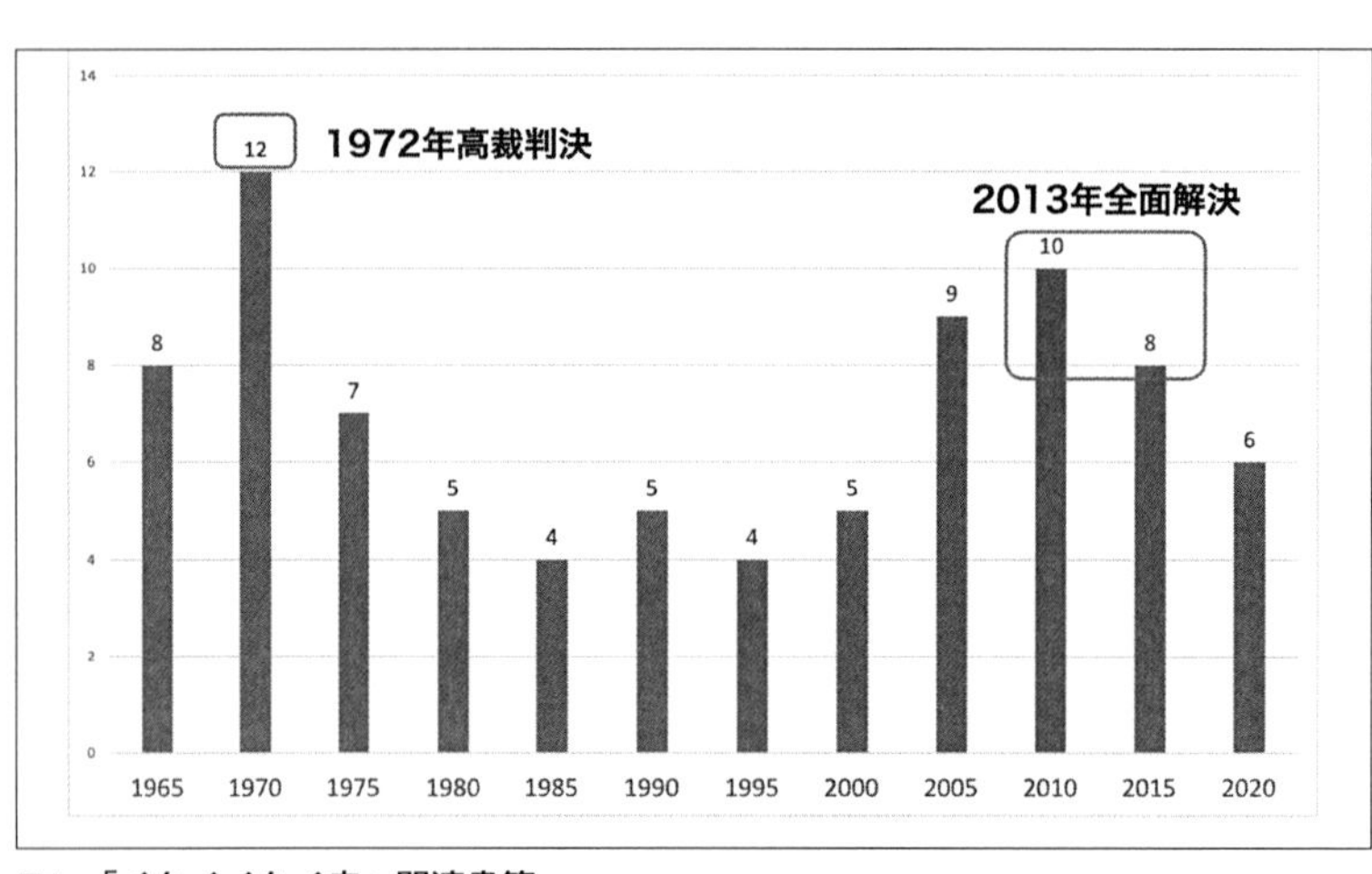

図1　「イタイイタイ病」関連書籍

書籍の場合は、一冊の本として完成するまでに相当な労力が必要であり、事件が発生する度に印刷ができるわけではありません。しかし、一九七二(昭和四七)年のイタイイタイ病高裁判決が出されたタイミング、また二〇一三(平成二五)年の全面解決合意書が出されたタイミングで多くの書籍が発行されていることがわかります。

2・3 イタイイタイ病関連の論文がどの時期にどの程度発行されたか

こうした社会の関心がより明確に現れた文章が各研究者によって書かれた論文です。書籍と同様に国立情報学研究所で把握している論文数を年代別に表にしたものが図2です。一九五六(昭和三一)年の河野稔「いわゆるイタイイタイ病の本態とその治療経過(第2報)」『臨床栄養』を最古のものとして、二〇二三(令和五)年の前嶋匠「関係図」を活用したイタイイタイ病の授業実践・公民」『社会科教育』まで、六七〇本の論文が確認できます。

このグラフでは一九九五年代に一五〇本の論文が出さ

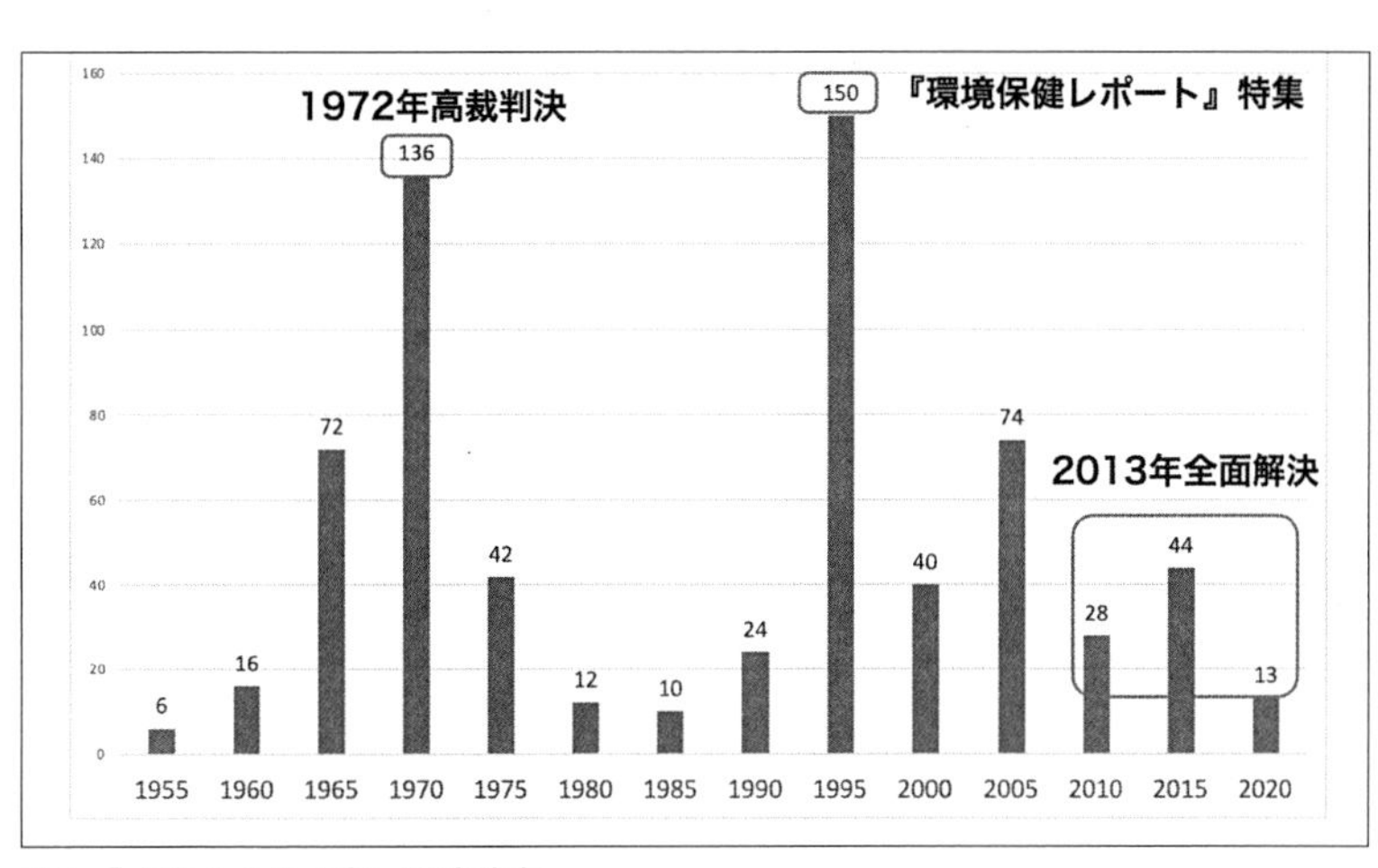

図2 「イタイイタイ病」関連論文

れ、突出しているのが特徴的です。しかし、これは日本公衆衛生協会による『環境保健レポート』誌という学術誌がイタイイタイ病関連の特集を組んだことから一時的に論文数が増えたものです。それ以外では、書籍同様、一九七二年の高裁判決の前後、二〇一三(平成二五)年の全面解決時に論文数が増えたものと考えられます。

2・4　イタイイタイ病関連の新聞記事がどの時期にどの程度書かれたか

さて、それではつぎにイタイイタイ病関係の新聞記事を見てみましょう。

新聞記事の調査については、富山県立図書館が運営しホームページで運営している「富山関連記事データベース」を用いました。富山県立図書館は、富山県に関する新聞記事をまとめた「県内記事情報検索」というデータベースがあります。掲載紙名、記事タイトル、日付を収録したデータベースです。

この富山県に関する新聞記事タイトルに「イタイイタ

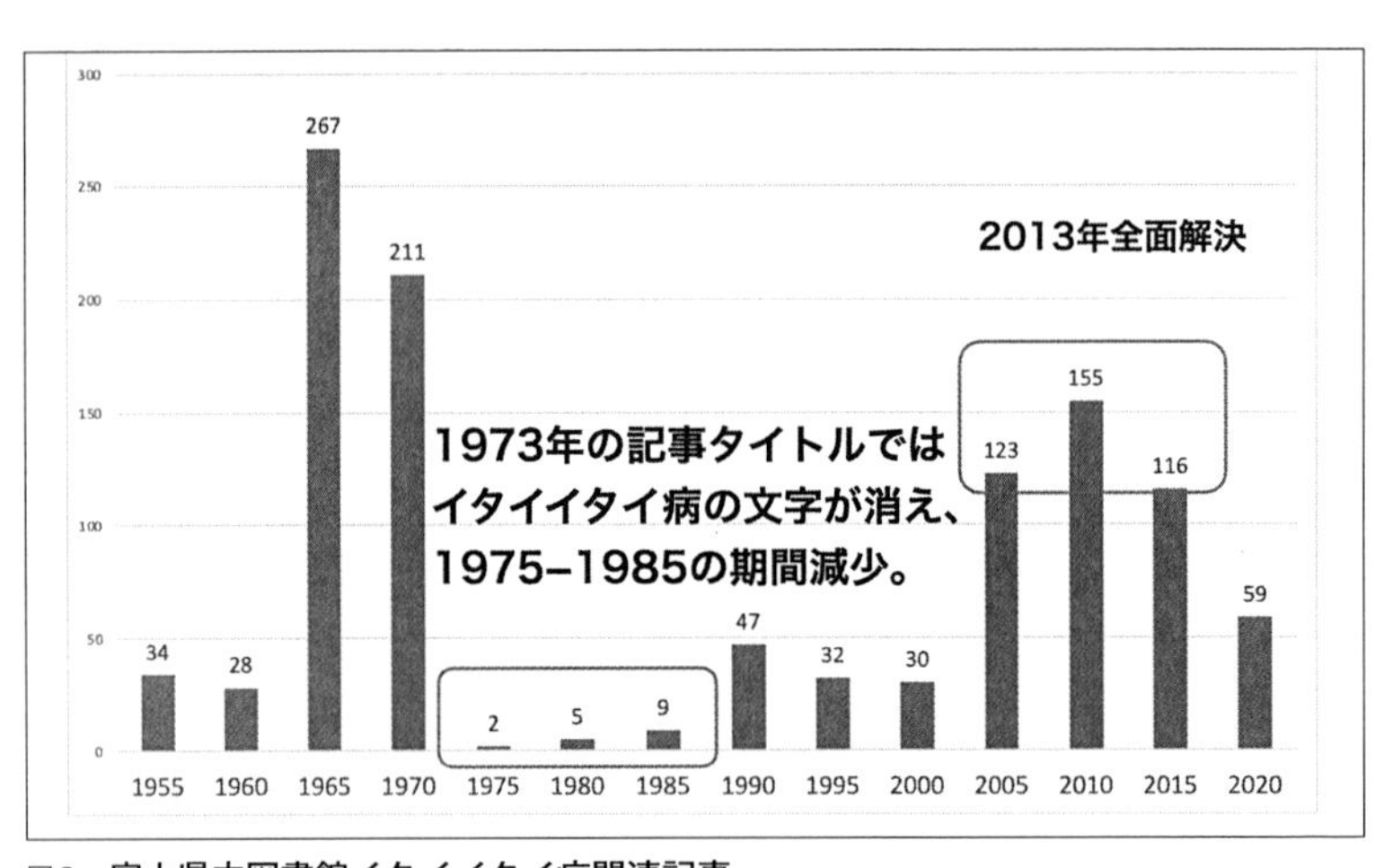

図3　富山県立図書館イタイイタイ病関連記事

イ病」「イ病」が含まれる記事数を年代別にまとめたものが図3です。一九五五（昭和三〇）年八月四日の富山新聞による「婦中町熊野地区の奇病　「いたい、いたい」病にメス　骨と筋肉が痛み縮む　被病者百人余　大部分は三十一、二歳の女」を最古のものとして、二〇二三（令和五）年八月二八日の富山新聞「イ病資料館があすから休館　電気系統故障」まで、一、二二八本の記事が確認できます。

図3のグラフを見て奇妙なことに気づくかもしれません。一九七五年代から一九八五年代までの一九年間にデータベース上収録されている記事タイトルは、一一本しかないのです。その記事タイトル一覧が表1です。この期間の新聞を実物を県立図書館で調べると、他にも多くのイタイイタイ病に関する記事が印刷されていたにもかかわらず、データベースには収録されていないことがわかります。

富山県立図書館に確認したところ、このデータベースは、特定の新聞で富山県関連記事を特定し、その後に他紙でどのように書かれているか調べ、手作業で入力するという形でデータを更新しているとのことです。つまり、県立図書館のデータ入力者の視点が入っており、全ての記事が登録されているわけではありません。網羅的に富山関連の記事が取り上げられているのではなく、掲載タイトルについてもすでに取捨選択が行われているデータベースなのです。極端な場合、データベース入力者（司書）がなんらかの理由でデータ入力をしなかったとするとこのデータベースには反映されません。また、同じ内容の事件やイベントが複数の新聞に掲載されていたとしても、一つの新聞しかデータベースには収録されていません。

このデータベースは市民を対象にして作られており、私のような研究者が使用することを前提として作られたものではありませんので、こうした対応は当然のことです。あまり富山県民には知られていないこのデータベースは、富山県が誇って良い財産だと私は考えています。皆さんもご存じかと思うのですが、日本では図書館の運営は困難を極めています。特に図書館で働く司書の皆さんの立場は劣悪で、最低賃金で使い捨てされているような時代です。しかし、このデータベースを維持するために県立図書館の司書のみなさんが尽力し、富山県立図書館が維持していることは奇跡的なことだと私は考えています。他県にもなかなかない取り組みで、イタイイタイ病を風化させない砦の一つだとも思っています。

2・5　イタイイタイ病関連のメディア発言数

上述した書籍・論文・新聞記事のデータから言えることは、論文の一九九九(平成一一)年の『環境保健レポート』を除くと、一九七五(昭和五〇)年から二〇〇〇(平成一二)年の間、「イタイイタイ病が書籍や論文で語られなかった時期がある」ということです。イタイイタイ病の患者認定数は、この期間も継続的に行われていたこと

掲載日	タイトル	掲載誌	他紙掲載
1974/9/8	イタイイタイ病裁判全６巻刊	北日本新聞	なし
1974/12/5	イタイイタイ病全国初イ病記念館建設へ	中日新聞	なし
1979/8/5	イタイイタイ病住民勝訴から７年、北陸レポート	朝日新聞	なし
1979/6/20	イタイイタイ病その後　原因論争再燃の中で（連載）（イタイイタイ病その後　原因論争再燃の中で）	富山新聞	なし
1980/2/7	イタイイタイ病・勝訴に導いて…　正力喜之助弁護士逝く	読売新聞	なし
1980/7/10	新たに１人認定　イタイイタイ病	北日本新聞	なし
1981/6/25	神通の毒いまも深く　イタイイタイ病判決から１０年	朝日新聞	なし
1982/8/10	患者の苦痛いまだ消えず　イタイイタイ病勝訴確定から１０年	富山新聞	なし
1983/10/31	第１０部　県政の進展と高度成長　イタイイタイ病裁判(越中の群像　置県百年の軌跡)	富山新聞	なし
1985/1/17	イタイイタイ病（われら語り部　昭和６０年の断章）	中日新聞	なし
1985/3/5	３０　第１部　戦後の流れ　イタイイタイ病(リポート富山県議会)	北日本新聞	なし
1986/11/16	結成２０周年記念の集い　イタイイタイ病対策協	毎日新聞	なし
1988/3/12	イタイイタイ病風化を許さないイ病対策協議会長　小松義久(ひと　スポット)	毎日新聞	なし
1988/5/12	国へ不服審査を請求　イタイイタイ病　県の認定却下で７人	北日本新聞	なし
1988/6/5	イタイイタイ病患者の治療を続ける　萩野昇(登場)	朝日新聞	なし
1988/10/15	イタイイタイ病(知事選８５万票の期待)	読売新聞	なし
1988/11/12	イタイイタイ病　認定にホルモン検査導入	富山新聞	なし
1989/10/4	風化の歯車　イタイイタイ病の現在　上、中、下	毎日新聞	なし

この期間地元紙では北日本新聞・富山新聞共に4本づつの掲載のみ（富山県図書館DB上）

表１　1973－1989の新聞記事タイトル一覧

を考えると、高裁判決後、二〇〇〇年代までイタイイタイ病はすくなくともメディアでは語られなかったと考えられます。その理由はこれから調べることになりますが、高度経済成長期からバブル崩壊までの期間にあたります。この期間に出版社や新聞社ではイタイイタイ病について「語ってはいけない」理由が何かあったのか、またはデータベース入力者はデータを入力できない理由があったのか、新聞記事に至っては「イタイイタイ病」（またはイ病）をタイトルに加えてはいけない理由があったのか、等々の可能性について考えさせられます。

3 「イタイイタイ病」に関する定量テキスト分析

3・1 イタイイタイ病について定量テキスト分析を用いる利点

これまで申し上げてきたようなことを踏まえ、今回の私の発表では、イタイイタイ病について書かれた書籍・論文・新聞記事の本数に絞って「どれだけ語られたのか」という回数について話をさせていただきます。これは単純な「量」による調査・分析でしたが、次に定量テキスト分析を用いて、更に細かい分析に入ります。テキスト（text）とは、文章のことでもありますが、単なる文章ではなくコンピューターで扱われる文字列や文章、文字情報全体のことを指します。「普通の手書きの文章よりも少し広い概念」とだけ理解してくだされば結構です。

定量テキスト分析（quantitative text analysis）とは文章を定量的に扱うための分析手法で、現在では、アンケートの自由記述の分析や、ＳＮＳでのクチコミ分析といった分野で活用されている技法です。

例えばみなさんが新商品の感想を消費者に尋ねようとします。単純なアンケート方法では、マークシートを使って、

この商品は美味しいですか？　はい　いいえ

という方法でカウントします。このようなアンケートにももちろん意味はありますが、これでは結果しか見えず、大事なお客さんの意思を見落とす可能性が高いのです。例えば、「美味しい」と評価してくれたお客さんの意図は
「美味しい。また買います！」
というだけでなく
「美味しいが、量が少ない／高いので買いません」
かもしれません。または「美味しくない」と評価したお客さんの意図は
「美味しくない。もう二度と買いません。」
というだけでなく
「味が少し濃く、そのままでは美味しくないのですが、水で薄めて調整すると丁度良いのでまた買います。」
という意図なのかもしれません。「美味しい」「美味しくない」といった二択ではわからない複雑な消費者の感情をそれらの言葉と共に登場する単語を詳細に数え上げることで、購入者の気持ちをより正

確に把握できるようになるのです。「イタイイタイ病」という言葉と最もよく登場している言葉はどの言葉で、それはどれだけの頻度で登場するのか、といった言葉の組み合わせがわかるようになると、より具体的にその文章の中で、イタイイタイ病が語られているかがわかるようになります。

今回の定量テキスト分析では、その質が一定したテキストが必要です。例えば観察者が自分のスクラップした文章だけを前提に分析すると、偏った統計結果になってしまいます。そこで今回の研究では、特定のメディアに関する記事、そして公のデータベースを用いて情報を取り扱うことが必要になります。今回は先に登場した富山県立図書館の「富山関連記事データベース」と朝日新聞クロスサーチという二つのデータベースを用いて分析を行いました。

これから先の作業は、コンピュータを利用して行います。手作業でももちろん行えるのですが、とんでもない時間がかかります。最新鋭の高性能ＰＣでも計算結果を出すのに一昼夜かかる計算量になります。

3・2　定量テキスト分析の手法

ここでいったん、定量テキスト分析の手法について説明します。定量テキスト分析は、次の手順で行います（結論だけ知りたいと思う方は、このセクションを飛ばして、次のセクションに飛んでくださって結構です）。

1　テキストの用意・整形

まずこれから文章を分析するにあたり、電子化されたテキストを用意します。手書きの文章の場合は全て書き起こすこともあります。このテキストの確保もなかなか大変で、今回はすでに入力されたデータベースを用いて分析しますが、データベースの使用料、著作権など様々な問題をクリアしないと分析対象にできません。ゆくゆくはイタイイタイ病協議会の発行したビラなども入力して、その中に表われている言葉の傾向を掴むことで、協議会のみなさんがその時々で何を中心に考えていたかが判明すると考えています。ただ、現在では協議会のテキスト入力作業を始めたばかりですので、それは来年度以降の課題としていったんお待ちください。

2　テキストの形態素解析

次に用意したテキストを形態素解析ツール（品詞分析と調整）を用いて単語に分解し、品詞を特定します。

形態素解析ツールは、文章を単語単位で分割し、さらに品詞（名詞や動詞など）を特定します。例えば「イタイイタイ病」なら名詞、「痛む」なら動詞という具合に品詞を特定してくれるのです。この数をカウントすれば、どういう種類の言葉がどれだけの頻度で登場するか数えることが可能になります。さらにこの形態素解析ツールでは、動詞の活用を終止形として修正してくれる機能があります。例えば「痛む」という動詞は「痛まない」「痛みます」「痛む」「痛む」「痛もう」と五段変格活用します。これらは「痛む」動詞の活用にすぎませんので、終止形の「痛む」としてカウントします。

また、文字上では異なっていても同じ内容を指す言葉があります。「イタイイタイ病」は時に「イ病」と省略され、同じ意味で使われます。そして言葉を分割せずに使用したほうが良いときもあります。「新潟水俣病」などは、「新潟」と「水俣病」と分割するのではなく、固有団体名として一つの単語として用いたほうが良いでしょう。また逆に分割してカウントすることがあります。「衆議院議員」

という言葉はまとめて名詞として扱うのではなく、「衆議院」と「議員」という言葉に分割してカウントします。このようなカウントをすることによって、どの品詞の言葉がどの程度文章中に登場するかが判明します。この形態素解析には、京都大学と日本電信電話株式会社コミュニケーション科学基礎研究所が開発したMeCabというオープンソースソフトウェアを使用します。

3　単語のカウントと図式化

MeCabを用いた形態素解析が終わった後に、単語のカウントと図式化を行います。

まず言葉と言葉の相関関係を調べます。今回はJaccard法という方法で計算するのですが、二つの言葉と言葉の間の距離を調べます。その計算式は（一つの文章の中にAとBという言葉が出てくる数）を（AまたはB）という言葉が出てくる数で割る、という計算方法で算出します。テキストに登場する全ての言葉について算出し、さらにどの言葉とどの言葉がどれだけ同時に登場するか、ということを計算します。単語の登場頻度に合わせた数だけの次元を前提として、その距離を測るというやり方で計算するのですが、例えば一、〇〇〇の単語が登場すると一、〇〇〇次元の空間を設定して、その距離を測ります。この分野になるとこの講座で細かく説明するのははばかられますので、もっと深く理解されたい場合、KH-Coder開発者の樋口先生の参考文献をご覧になってください（2）。

これは大変な計算量で、四十年分の新聞記事の分析で解析をするのに最新のコンピュータで六時間ぐらいかかります。先に述べたとおり、この作業は手作業でも可能ではありますが、非常に多くの時間がかかるため、定量テキスト分析専用のソフトウェア「KH Coder」を用いて分析を行います。図式化したものは共観ネットワーク（Co-respond Network）と呼ばれます。また、それぞれの共観ネットワークを一つの視点からわかりやすく図式化したものが図4から図7です。

3・3　富山県立図書館「富山関連記事データベース」による定量テキスト分析

まず、先に登場した富山県立図書館の「富山関連記事データベース」のタイトルについて分析結果を見てみましょう。先の検索結果と同じ一、一二八本の記事が対象となります。これらのタイトルには二一、二八六単語が使用されています。

まず図4が県立図書館のデータベースに登録されている新聞記事のタイトルに登場する単語とそのタイトルが掲載されている新聞との関係です。この図では、四角の正方形が掲載記事の本数を、正円が単語の登場具合を表現しています。見て明らかなとおり、北日本新聞の記事が圧倒的に多く富山関連記事データベースに収録されていることがわかります。また、「三井金属」「神岡」「被害」「訴訟」といった言葉も多く記事タイトルに収録されていることがわかると同時に、北日本新聞の記事でそれらの言葉が多く扱われていることがわかります。データベース登録時点で、例えば『科学』『サンデー毎日』といった雑誌の記事も登録されていることがわかります。

続けて図5が新聞記事のタイトルに登場する単語とその単語が登場した年代別傾向になります。この図では一九七〇年代にタイトルによく使われた、具体的な裁判の用語が一九九五年代以降使われなくなり、「救済」「女性」といった言葉が登場します。一九九〇年代以降、イタイイタイ病が裁判闘争として語られることがなくなり、環境問題の一つとして捉えられ、記事になっていったことがわかります。

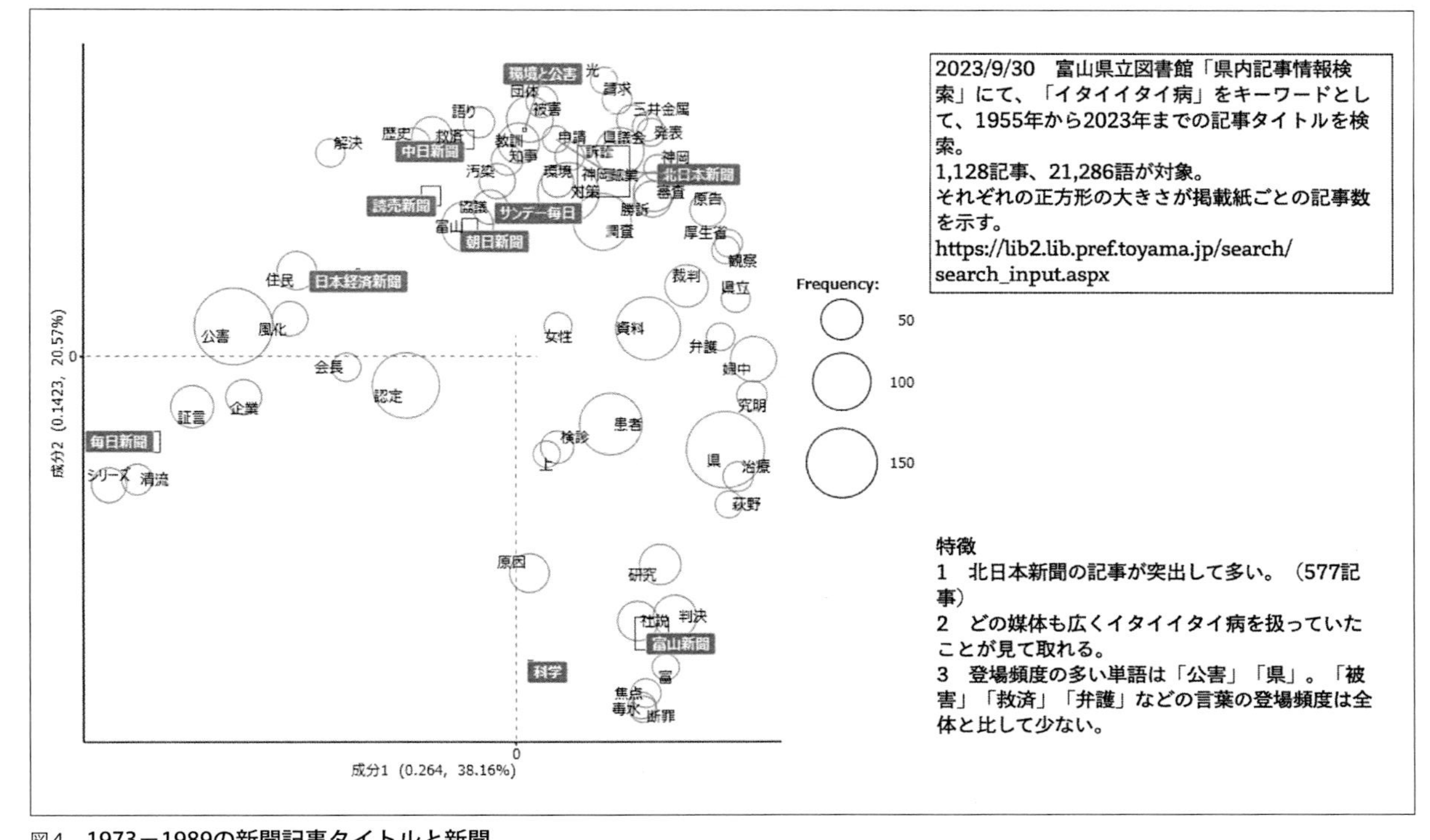

図4 1973－1989の新聞記事タイトルと新聞

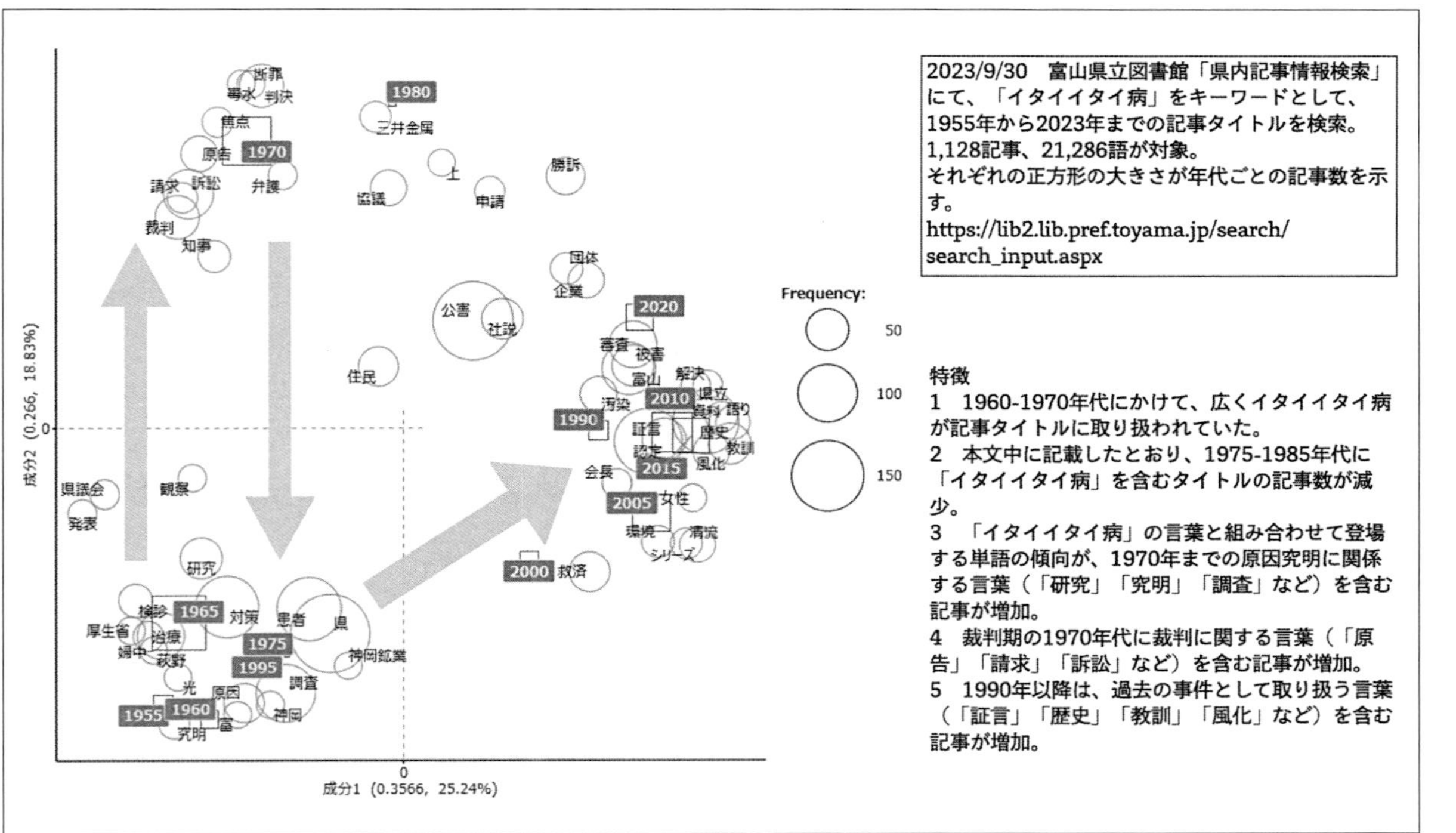

図5　各新聞の記事タイトルと年代別傾向

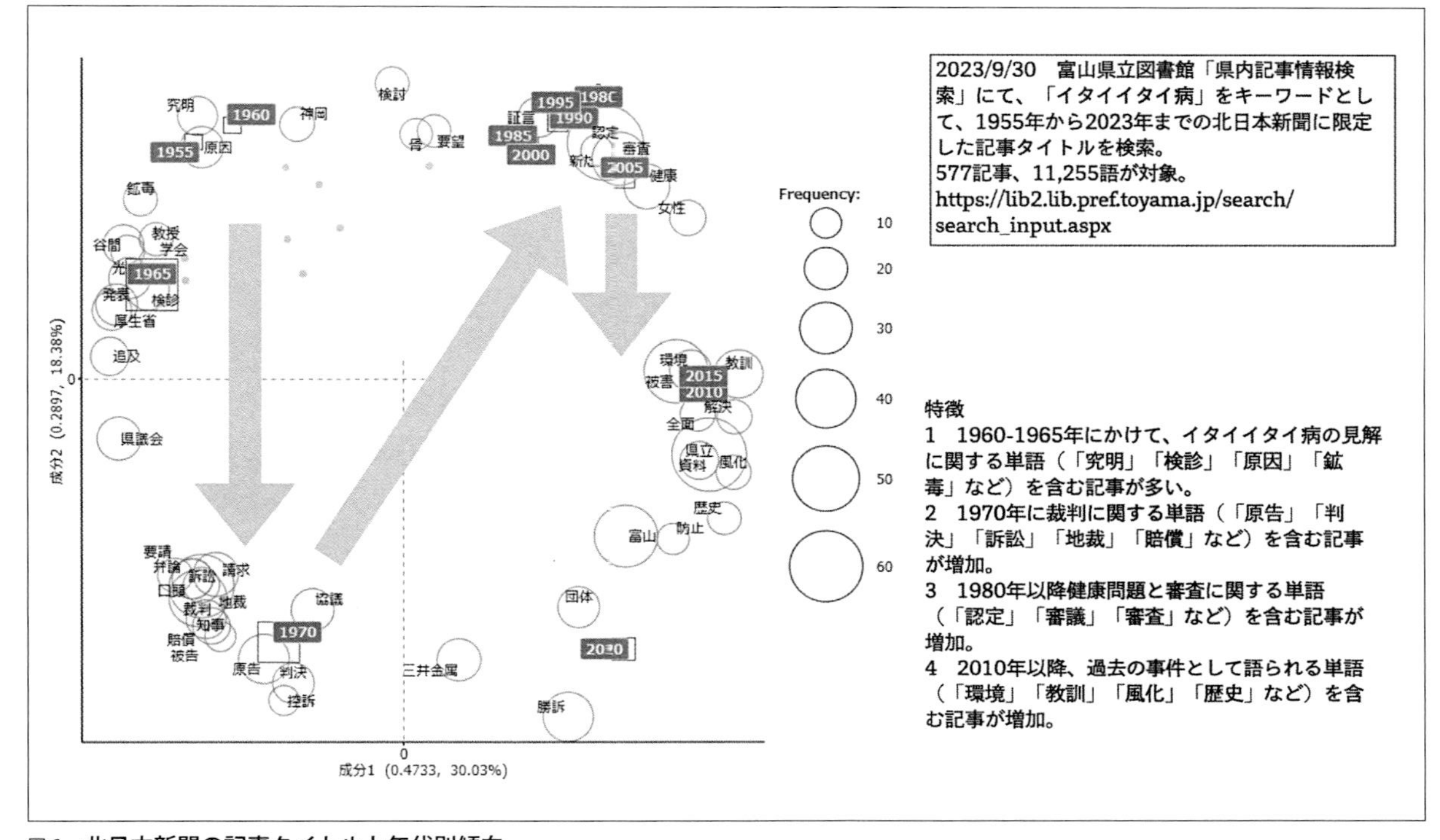

図6　北日本新聞の記事タイトルと年代別傾向

ここで、一、一二八本の記事のうち、約半数の五七七本の記事が収録されている北日本新聞の記事タイトルだけに着目するとその傾向がより明らかになります。これらのタイトルには一一、二五五単語が使用されています。図6が北日本新聞の新聞記事のタイトルに登場する単語とその単語が登場した年代別傾向になります。やはり被害者についての裁判関係の話から、地域の話にシフトしていることがわかります。

3・4 「朝日新聞クロスサーチ」による定量テキスト分析

次に朝日新聞のデータベース「朝日新聞クロスサーチ」を使った分析結果を見てみましょう。

一九八五（昭和六〇）年以降の朝日新聞の出版した記事データベースは全文検索方式で、テキスト本文を表示して読めます。このデータベースのうちには、朝日新聞デジタル（一部のコラムなど）や雑誌「AERA」「週刊朝日」の記事も含まれます。つまり、タイトルだけではなく、記事本文に含まれる単語を元にした分析が可能になります。なお、他の新聞社、特に北日本新聞や富山新聞、北陸中日新聞などの地方紙についても全文検索での調査を進めたいと考えています。しかし、現在地方紙の全文検索を行うには、データベース使用料にかなりの出費が必要で、民間の研究グループであるわたしたちには調査が難しい状態です。

まず図7が朝日新聞クロスサーチにおける「イタイイタイ病」が登場する記事のカウントです。七〇七記事が該当します。二〇一〇年代、すなわち全面解決の合意書が出された年代が最も多く記事として扱われていることがわかります。残念ながら一九八五（昭和六〇）年以降の記事しか収録されていないため、より多くの記事が書かれていたと思われる一九七〇年代の記事の総数は、今後手作業でカウントしていくしかありません。

続けて図8が、朝日新聞クロスサーチにおける記事タイトルと年代別傾向になります。図7と同じく、七〇七記事、五三一、五六二単語を対象に分析を行いました。一九八五（昭和六〇）年以降の記事が対象になっていることを踏まえると、先の富山関連記事データベースの結果と同様、イタイイタイ病が裁判の対象としてではなく、環境問題の一般問題として広く取り扱われるようになったことがわかります。特に二〇〇〇年代以降は、「環境」「被害」「保障」「患者」「経済」といった言葉が特徴的に記事中に使用されているということがわかります。

3・5　定量テキスト分析の地平

思いの強い事象について語ろうとするとき、わたしたちはどうしても客観的に接することができません。わたしたちは思いが強ければ強いほど客観的に事象を見られなくな

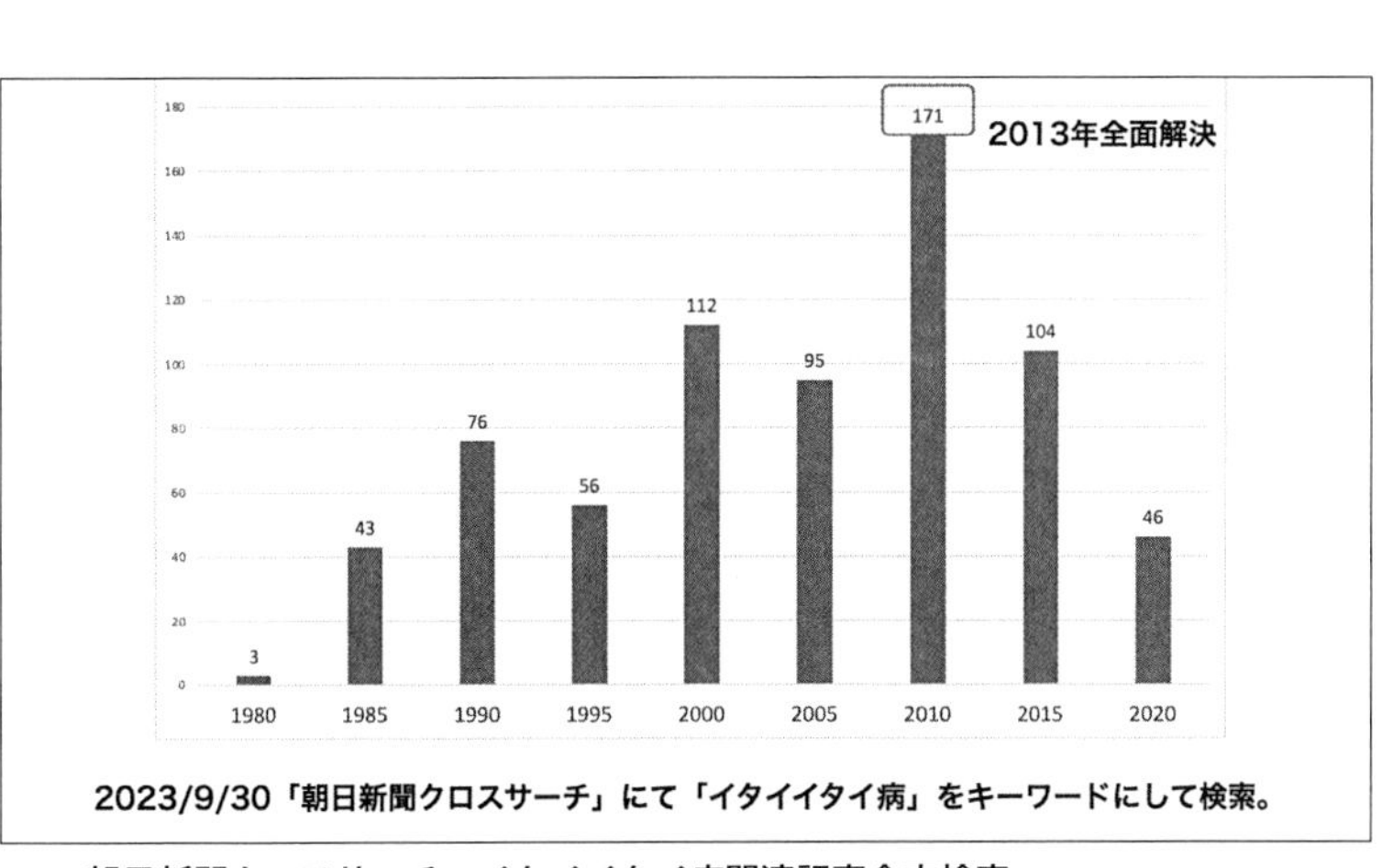

図7　朝日新聞クロスサーチ　イタイイタイ病関連記事全文検索

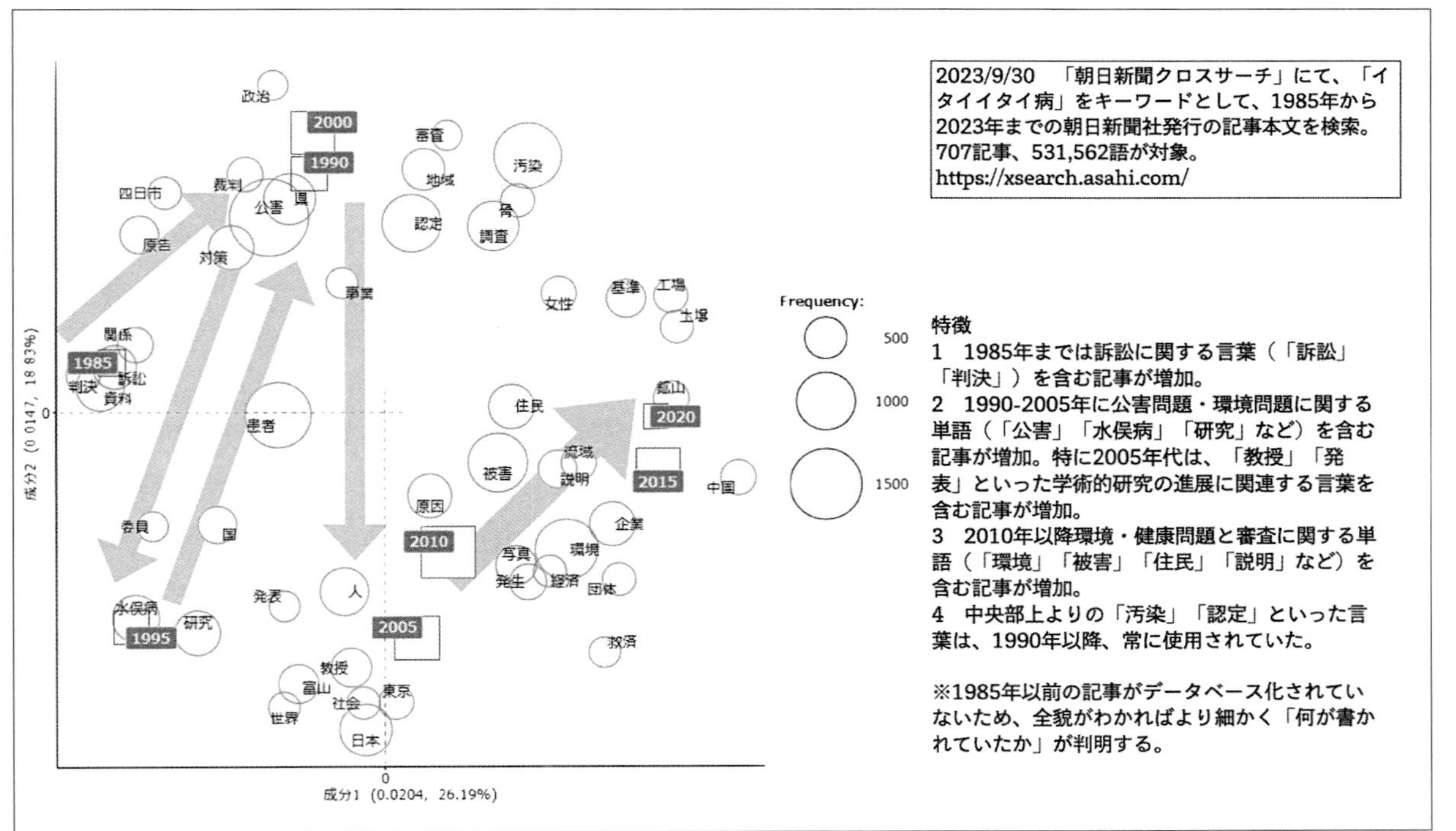

図8　朝日新聞クロスサーチの記事と年代別傾向

ります。イタイイタイ病についても、同様にわたしたちがどのように客観的に理解できるのか、とその手法を考えることは大切です。

私はイタイイタイ病の被害に遭われた方々の感情を無視していいと考えてはおりません。怒り、苦しみ、哀しみ、そういった感情は大切です。それらの言葉を拾って行くことはこれまでのわたしたちの研究会を見てきたらわかるとおり、この研究会の最も大切にしていることです。しかし、わたしたちが被害者に寄り添うようになればなるほど、被害者に同情することで、多くの立場の声が聞こえなくなってしまうかもしれません。神岡で働く人、婦中で過ごし風評被害に遭われた／遭われて、今も発言ができない方々の気持ち「も」考えることができなくなるかもしれません。だからこそ客観的に「何が語られてきて、何が語られなかったのか」ということを問うことが必要だと考えています。

4　まとめ　声をあげること

以上、書籍・論文・新聞記事を通して、イタイイタイ病がどのように語られてきたかを見てきました。私の研究している法社会学では、「紛争の展開モデル」という考え方があります。紛争がどのように展開するのかを段階で考えます。法学という学問が、これまで裁判になったことしか取り扱えなかったことに対する反省から出てきた考え方です。裁判に訴えることができるのは、裁判に訴えるために必要なコスト（費用・時間）を捻出できる一部の人々でしかない、ということです。イタイイタイ病についても同様のことがいえるかもしれません。これまでの研究実績を読むとその点もよくわかります。

わたしたちは多くの消えてしまった声に耳を向けなくてはなりませんし、それができるはずです。

今回分析した各メディアで使用された言葉は、イタイイタイ病をめぐって様々な問題が明らかになり、高裁判決から五〇年経ったのが今日の状況で許容されたものです。しかし、二〇二二(令和四)年八月には新たな患者が認定されました。今もまだ患者の予備軍がいると考える方が順当だと思います。「メディアの良心」にだけ頼っていいわけではありません。残念ながら、インターネットの発展により、わたしたちの世界は大きく拡散し、新聞もテレビもその購読者・視聴者が減少しています。メディアが取り上げてくれない、とメディアの責任を問うだけでなく、わたしたちが積極的にこの問題を語り、取り上げ続ける必要があります。

そして、良質なメディアを支える必要がわたしたちにはあります。少なくとも自分に生じている理不尽さを感じた人が登場した際に、「あなたの感じている身体の不調は、実はあなたの問題ではなく、イタイイタイ病の症状の可能性がある」と言い続けることができるはずです。それは風評被害を流布することと対極にある「風評被害だから静かにしていろ」という圧力を跳ね飛ばし、人間の権利を改めて求める試みです。

イタイイタイ病「学」が必要になるのは、こういった時なのです。富山の一地域に生じた問題なのではなく、形式化できる弱者を苦しめた現象の一つとしてイタイイタイ病を捉え直し、「終わった」ことにさせない状態にするために、この研究会がイタイイタイ病をめぐる仕組みについて語り続けるその小さな礎石となれればと思います。

引用文献

［1］吉野源三郎『君たちはどう生きるか』岩波文庫、一九八二、七七頁
［2］同掲書、八八頁
［3］原田正純「なぜ今、水俣学か―現場からの学問の捉え直し」『保健医療社会学論集』二〇〇六、第一六巻第二号、一頁

参照文献

（1）畑明郎「アジアのカドミウム汚染」『経営研究』五四巻、二〇〇三
（2）樋口耕一『社会調査のための計量テキスト分析　内容分析の継承と発展を目指して　第2版』ナカニシヤ出版、二〇二〇

第七回　イタイイタイ病の原因解明と三人の科学者たち

星野富一

はじめに

　イタイイタイ病の原因は、岐阜県飛騨市神岡町の三井金属神岡鉱業所神岡鉱山から廃棄された鉱滓に含まれる重金属カドミウムが、神通川水系上流の高原川に流出したことである。カドミウムは、富山県神通川水系下流域の農村地帯で、生活用水や米、大豆などの農産物、川魚等を通じて長年月に渡って人々の体内の骨や臓器、特に腎臓に取り込まれて蓄積し、カドミウム腎症を発症したものがイタイイタイ病である。腎尿細管は、血液中のナトリウム、カリウム、カルシウム、リンなどのうち体内に必要なものを再吸収し、不要なものは尿と一緒に体外に排出する機能を果たす。が、カドミウムに冒された腎尿細管は、必要なカルシウム等を体内に再吸収出来ず体外へ排出し、骨組織が灰化して脆くなり、最悪の場合、骨軟化症を引き起こす。

　イタイイタイ病の原因であるカドミウムを発見し、そのメカニズムが解明されるまでには、多くの科学者たちによる弛まぬ研究と多大な時間と労力を要した。またその陰には多くの患者とその家族の言語を絶する苦しみや犠牲を伴った。本稿は、イタイイタイ病の原因の解明に取り組んだ萩野昇、小林純、吉岡金市の三氏の研究上の役割を立ち入って明らかにすることが課題である。[1] その際、イタイイタイ病を巡る事実関係や因果関係については、萩野昇氏に焦点を当てた体系性のある文献[2]によって主として整理し、小林純氏[3]や吉岡金市氏[4]の文献でそれを補完することにしたい。以下、順次、検討する。

一　萩野昇氏の苦闘時代

1. 未知の病との遭遇

萩野昇氏は一九一五（大正四）年一一月二〇日、医師萩野茂次郎の長男として長崎市で出生した。父は高松宮の侍医であったという。医家としての萩野家はもともと富山県婦負郡（現富山市）にあり、二代目は長崎へオランダ医学の習得のため遊学している。三代目が昇の父・茂次郎である。昇は一九四〇（昭和一五）年、（旧）金沢医科大学（金沢大学医学部の前身）を卒業後、第一病理学教室に残るが、その年一〇月に応召し北支（中国東北部）で軍医として勤務した。しかし、この間に父は病死していた。一九四六（昭和二一）年三月二一日、復員し、郷里で母と涙の再会をしたという。

その翌日直ぐに患者が来院したため、萩野氏は父の白衣と聴診器を持って診察にあたるが、そこで業病、奇病、風土病などと呼

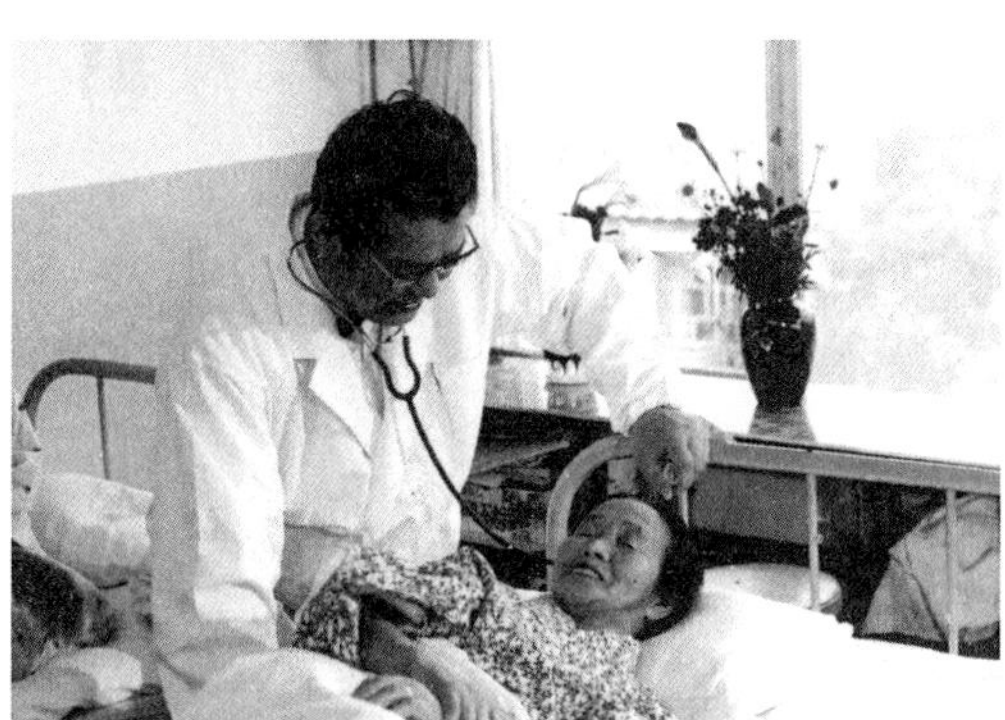
萩野昇医師　昭和40年代　向井嘉之撮影

ばれた驚くべき未知の病と遭遇することになった。後の「イタイイタイ病」である。萩野病院二代目の祖父の時代には報告が無く、三代目実父の時代に治療を試みるも奏功しなかったという。

2．未知の病の原因解明を求めて共同研究へ

治療法も原因も分からず富山市内の総合病院（県立中央病院、市民病院、赤十字病院）に患者を送るも、特別に興味を示されず、帰された上、腎臓炎、糖尿病、多発性神経病、リュウマチまたは脊椎カリエスなど診断も様々であった。

そこで、一九四七（昭和二二）年から、教室の兄弟子である金沢大学第一病理学教室宮田栄教授との共同研究を開始した。しかし一九五五（昭和三〇）年、宮田教授が脳溢血で倒れ、のち死去してしまい、約一〇年の暗中模索の努力も全て水泡に帰してしまった。

一九五五年（昭和三〇）年五月、東京北品川河野臨床医学研究所の河野稔博士の来院を機に、同年八月には細菌学の権威で東大名誉教授の細谷省吾博士と共に来富し、共同研究を開始することとなる。細谷博士の知名度もあり、この病気は日本中に知れ渡ることになったという。細谷博士は患者の血液や大小便を検査した結果、細菌によるものではないと断定した。

河野博士は二人の患者を東京に連れ帰り、日本の大学の研究センターとして、各大学の専門医のアドバイスを受けつつ、良心的な各種の検診を行った。

一九五五（昭和三〇）年一〇月、慈恵医大の医学会でこれら研究データを河野博士と萩野氏の名前で発表した。骨軟化症に類似するが新しい種類の骨系統疾患で、栄養不良と過労によるとの内容であっ

た。その後、一一月六日、金沢の北陸医学会でも同じ報告を行った。富山県厚生部では、そうした栄養不足と過労との報告を基礎に、過労を防ぎ、肝油や小魚を多くとる様に指導することになる。

しかし、このことは地元の人々に強い不快感を与えたという。(旧婦中町の)熊野村はこれまでは全ての点で模範農村として、過去三回に渡り表彰をうけてきた。それが一転、恥辱の農村へと変わったわけである。村の有識者や善良な農民からも、研究へ厳しい批判が行われた。

地方新聞の投書欄には、一主婦による以下のような投稿がよせられたという。[5]「イタイイタイ病の原因が栄養不良、過労なら、他の地区になぜ出ないのか。研究不足、学識低級をタナにあげて、過労と栄養不足の美名にかくれて事足れりとされては困るのです。熊野地区は県下の他の農家とたいして変わらぬ生活をしている・・・。」実に核心を突いた指摘であった。

萩野氏は批判にさらされ孤立無援の中、河野博士は東京へ戻ってしまう。

こうした中、富山県下での大病院と共同研究の機運も生まれたという。大病院長T博士が来訪、その病院との共同研究が開始された。学究的なT博士は、後に萩野氏が鉱毒説を立てたときには、それを認め、公私ともに指導を受け、また激励してくれたという。

一九五六(昭和三一)年四月、横浜での整形外科学会で研究データを発表する。イタイイタイ病は骨軟化症の一種でやはり栄養不良が原因という内容であった。納得出来ないものを覚えつつも、設備の良い大病院の偉い先生たちの言うことは、聞かざるを得なかったというのが、萩野氏の偽らざる心情であった。

萩野氏には、常に心に残る疑問があった。イタイイタイ病が栄養不良と過労が原因ならば、なぜ北海道の厳しい開拓地や東北の貧農地帯に出ず、神通川の一地区にのみ発病するのかという疑問がそれである。一主婦の新聞投書での言葉が、萩野氏の胸に突き刺さっていた。こうして共同研究に行き詰まり、悲観する一方、患者は増加の一途を辿った。

3．鉱毒説へ

一九五六（昭和三一）年五月、河野博士の下で治療を受けていた患者が七ヵ月ぶりで帰郷した。全身に十数ヵ所もの骨折があったOさん（四二歳）は手厚い治療で軽快していた。六週間の下調査の後、リン、蛋白を多く摂取したり、ビタミンDを大量に投与され、カルシウム、グリコネートを与えられて血中のカルシウムとリンの不均衡が解決し、歩行も可能になったのだという。河野博士の研究で、イタイイタイ病の対症療法を把握出来たことは、大きな成果である。萩野氏も対症療法に専念した。ビタミンDを大量に投与し、カルシウムを投与したことで重症患者の症状が軽くなったのである。しかし、放置すると痛みは再発し、根本的な治療が可能になったわけでは決してない。

イタイイタイ病の原因を求める萩野氏の研究は、さらに続く。その作業の一つは、患者の発生地点を地図上に赤点でマークすると、あることに気が付いた。それらが神通川流域の一定地区に集中したのである。

病気は富山平野の中央を貫流する神通川の左右両岸の一定地区（旧婦中町、旧八尾町（左岸）、旧大沢野町、旧富山市右岸）に多発していた。東方は熊野川、西方は井田川の両支流に囲まれた扇状地区に、そしてまた西は牛ヶ首用水、東は新保（しんぼ）用水が作られ、神通川の水を取り入れて灌漑（かんがい）していた。

また、この地点の川底は左右両側の水田よりも高い。川の上流から急流に運ばれてきた土砂は、この地点に来て川底に堆積し、洪水が起きると川底の土砂が低い田畑に流れ込み、病気の温床になっているのではないか。また上水道が整備されるまで川水は、飲料水や灌漑用水としても利用されていた。一九二九（昭和四）年〜一九四五（昭和二〇）年の間、神岡鉱山の鉱毒が流れ、稲が枯死した。また、鮎が浮き食用にしたとも言う。萩野氏の目は、自然と上流の神岡鉱山に向かう。

天候にも考察を加えた。晴天日数は新潟県より多い。本病発生地区は富山県下でも裕福な村で農業経営も安定している。この地区の栄養調査では、カルシウムの不足、カルシウムとリンのアンバランス、ビタミンAとビタミンDの欠乏は幾らかあるとはいえ全国平均に近く、総カロリーでは全国平均以上で栄養不足が問題とは言えない。労働量でも全国平均に等しく、また本病は農家にも非農家にも過労でないものにも発生している。一家族内では嫁と姑にも発生し、遺伝的関係は認めがたい。くる病多発傾向もない。

以上から、イタイイタイ病の原因は神通川の川水に関係があると判断したのである。一九五七（昭和三二）年一二月一日、第一二回富山県医学会で以下の研究結果を発表した。糖尿は京大病理学教室・岡本耕造教授の糖尿病亜鉛説で説明可能である。患者発生地区は特有の地形のため、川水の亜鉛、鉛、ヒ素、硫酸などが体内のホルモンの平衡状態にアンバランスを来し、第二次的にビタミンDの欠乏を来たし、イタイイタイ病を発症する。

また、一九五八（昭和三三）年一月、国立公衆衛生院疫学部厚生技官・平山雄博士が胃癌の死亡率は北陸地方、特に神通川沿岸地帯が全国一の高率を示すという研究中間発表を行っていることを知り、亜鉛は男子では胃癌を起こし、女子ではイタイイタイ病の原因になるのではとの内容を、『富山県医通報』に発表した。こうした孤独の研究結果は、富山新聞文化賞を授けられ、勇気づけられていった。

4. 神岡鉱山に入る

一九五八（昭和三三）年六月二七日、東京大学・吉田正美博士が来富し、萩野氏の鉱毒説に理解を示した。そこで、六月二八日には神岡鉱山の視察に行く吉田博士に同行することになった。見渡す限りのはげ山で緑一本無い荒涼たる敷地内の風景であった。案内者の先導で全山を見学することが出来た。鉱山の工程は、鉱石の採掘から、三段階に分けての鉱石の粉砕、さらに細かく砕かれて粉状にしたものに水を加えて泥水にする。泥状になった鉱液中に泡を作り、泡に鉛鉱、亜鉛鉱を付着させる。これらを鉛、亜鉛、黒鉛に浮選し、浮鉱を脱水機にかけ脱水する。これから鉛精鉱と亜鉛精鉱を生産するのである。黒鉛浮鉱は遠心分離器にかけて品位九〇パーセントの黒鉛精鉱が生産された。

これらの金属を選別後、低品位の鉱石（尾鉱）は、水分を除き廃滓処理場から廃滓堆積場に廃棄される。これらは尾根を越えた谷に、ダム様式にして堰き止め、石灰を注入してその表面に付着させダムの底に沈下させる。その上澄みのみを神通川上流の高原川に流すのである。

こうした工程を目にして、萩野氏は鉱毒説を確信することになる。（旧）通産省認定のダム様式は完璧にみえて、台風等の大雨の際には、山の稜線を流下する雨水がダムを満水にし、底に沈殿している廃滓を巻き上げ、川に流出するであろう。

神岡鉱山における作業の実体を見、岩石を人工的に粉にし重金属を採集する企業が必然的に害毒を流している事実をつきとめた結果、萩野氏の鉱毒説が一歩前進した瞬間であった。

しかし、その後、神通川の水を知る限りの研究機関(大学等)に送って検査を乞うたが、結果はいずれも「白」の回答であった。このため、萩野氏の鉱毒説は根拠のない学説と学会で批判を受けた。嘗(かつ)ての共同研究者である河野博士も、クル病説に立って鉱毒説を批判した。萩野氏は一九五八(昭和三三)年九月の富山県医学会でも鉱毒説を繰り返し、新たなデータを追加発表した。

二　吉岡金市氏・小林純氏との共同研究

1. 吉岡金市氏の来富

一九六〇(昭和三五)年、吉岡金市・農学、経済学博士(のちの金沢経済大学学長)が神通川冷水害調査のために来富する。その際に、この地区に甚大な農業鉱害があるからには人間公害もあるはずと述べる。[6]

これを聞いた旧婦中町の町会議員青山源吾(げんご)氏[7]からの電話で吉岡氏に会うことを勧められるものの、気が進まなかった中、吉岡氏からの訪問を受け、話しをすると農学に造詣深い実行力ある人格者であることが分かり、これ以後、二人の間で共同研究の機運が生まれる。

また一九五五(昭和三〇)年頃には、イタイイタイ病の記事

吉岡金市博士
(1970年、金沢経済大学　学長時代)
出所：吉岡金市『日本農業の機械化』農山漁村文化協会、1979

が載った週刊誌を見た岡山大学教授・小林純理学博士（元農林省農事試験場技師）から「あなたの研究している神通川の水を調べたいので標本を送って欲しい」との書信が届いた。

これを機に萩野氏と小林純氏の共同研究も開始された。早速、神通川の川水と患者の井戸水を送る。そして、小林氏からは折り返し、スペクトル分析の結果、神通川の水に亜鉛、鉛、ヒ素、カドミウム等が検出されたとの重要な報告が届いた。しかし、萩野氏はこの頃はまだ、鉛、亜鉛に重点をおいた鉱毒説に立ち、カドミウムを知らなかったため、それを見逃してしまったという。

他方、吉岡氏と萩野氏の共同研究は毎日のように黙々と進んでいた。色々の検査物を集め、小林教授の研究室でスペクトル分析を受けるために、吉岡氏は倉敷へ持ち帰った。

吉岡氏が帰ってからは、小林教授との音信が復活し、遠く隔たって会ったことのない小林教授と目標を一つにした友情が生まれていった。しかし、小林氏は日本でも数少ない水の権威であり、世界的な分析専門家であった。「この恩人の援助がなければ、私の鉱毒説もただの田舎医者の俗説として葬り去られた可能性があった。ここに医学、理学、農学という畑違いの学者による共同研究が開始」されたと萩野氏は述懐している。

また「医者は甚だ自我が強い存在、これらの難病も医学、理学、農学、薬学は勿論、地学や文学や、哲学や法学など全ての学者の総合した力で初めて解き明かされる様になるはず」だと、異分野の研究者による共同研究の重要性を強調しているのである。

その後、萩野氏と小林教授の間には何回もの音信が交わされる。神通川の水や患者の井戸水など幾通りも送られる。その結果、神通川の水をはっきり「黒」と断定するに至る。有毒重金属カドミウムが検出されるという日本で初めての研究が達成されたのであった。[8]

2．カドミウムの謎を追究

そもそも、カドミウムが人体にいかなる影響を与えるかについては、日本の文献には何の記載もなかった。諸外国の文献には二〜三の簡単な記述があったに過ぎないという。小林教授も文献を調べ、また東大工学部の公害専門の研究者、宇井純氏の協力を仰いだりしている。

海外の文献で特に注目されたのは、ドイツの医学書『中毒の治療と臨床』の「慢性カドミウム中毒」の項目における以下の記述であったという。①潜伏期（約二年）：喉の渇き、鼻炎、無臭症などの兆候。②第二期：歯茎に特有の黄色の輪（カドミウム・リング）が現れる。③第三期：疼痛が始まる。潜伏期から数えて約四年目頃。神経痛様の痛み、骨変化、貧血が主な症状。④第四期（八年目）：骨軟化症の症状、レントゲンで肩甲骨・骨盤・四肢骨等に横のき裂が確認。自然骨折はせず。患者は衰弱し痩せて、子アヒルのような尻を振る歩き方がこの病気の特徴。

萩野氏は、この文献を見つけて狂喜し確信を深めていく。が、イタイイタイ病の場合は、第四期からさらに進んで重症の場合が多い。これはカドミウムを含む米を食べる日本人の場合には鉱害がより重くなるため。共同研究で、系統的にカドミウムという物質を追い詰める。

3．骨からカドミウムを検出

小林教授のスペクトル分析の結果、死体解剖した患者の骨からカドミウムを検出した。患者の骨を五〇〇度以下に灰化（かいか）し、有機物を除いた後、スペクトル分析をすると、一般健康人に比較してははなだ多量のカドミウムが検出された。すなわち、事故死の死体の肋骨の六ｐｐｍ、リンパ性白血病で死亡した患者の一一ｐｐｍに比較して、驚くべきことに、イタイイタイ病患者Ｋ氏の胸骨からは三、八〇〇ｐｐｍ、しょ骨（足の裏の骨）から三、六〇〇ｐｐｍが検出されたのである。

また、軽症のＮ患者でも、胸骨から一五〇ｐｐｍ、しょ骨から二〇〇ｐｐｍが検出された。また他の患者では、脊椎骨三〇〇ｐｐｍ、大腿骨二九〇ｐｐｍを検出した。これらの平均値は一、三五二ｐｐｍで、対照の平均値の一五九倍であった。患者の各部、各臓器、頭髪、爪からもカドミウムが検出されたのである。

では、これらのカドミウムはどこから患者の体内に入ったのか。イタイイタイ病発生地区の白米を五〇〇度以下で蒸し焼きにし、その灰をスペクトル定量分析すると、最高三五〇ｐｐｍのカドミウムが検出された。

小林教授の分析では、日本は火山国で重金属が多いため、外米に比べ日本の米もカドミウムの含有量が多いという。しかし、神通川水系産米は、飛び抜けて多く、鉱害地区の産米は平均値が外米の二〇倍、玄米、かき餅、大豆等からも大量のカドミウムが検出された。さらに鉱毒地区の稲の根には最高三、〇〇〇ｐｐｍのカドミウムを検出し、対照した井田川水系地区に対し一〇〇倍である。また、水田の水口（みなくち）が水尻（みとしり）より多くのカドミウムが検出された。

吉岡氏からも色々の指摘がなされた。神通川の魚からもカドミウムが検出されたが、井田川水系の川魚からは検出されていないという。（以下略）これらの試験データはすべて小林教授のスペクトル分析の結果によるものであり、世界的に認められているデータであった。[9]

4. ふたたび神岡鉱山を訪問

一九六一（昭和三六）年四月に入ると、岐阜大学教授で、反鉱毒説の館正知博士が萩野氏を来訪した。萩野氏は、これまでのイタイイタイ病に関する研究データの一切をさらけ出して報告したところ、館博士は、神通川流域以外の地点にも患者が発生していないのかどうか。もしそうなら萩野氏の鉱害説は根底からなり立たなくなるので、今一度患者の発生分布について慎重に調査すべきだと述べたとされる。そこで萩野氏は、館博士の指摘に従い、富山県医師会の学術担当理事として、会員医師に、県下の患者の中でイタイイタイ病らしき疑いのあるものを送ってくれるように依頼したが、神通川の一定の地区以外にイタイイタイ病は発見されなかった。

また、この年の五月一〇日、小林純教授が来富する。初対面にも拘わらず、萩野氏は百年の知己を得た思いであったという。二人は話が弾み、話題は最初からカドミウムの検討に入る。萩野氏からは患者の発病状態、人数、症状の悲惨さ、発生地の特殊条件、地形、神通川水系用水の分布状態、稲作の

イタイイタイ病の原因を究明する目的で神通川成子橋付近で水を採取する小林教授(中央)、萩野医師(左)
富山県立イタイイタイ病資料館提供

被害などを報告する。

小林教授からは、富山から送られた各種検査物の詳細な検査成績が披露され、二人は時の過ぎるのも忘れ語り合う。二人の意見は神岡鉱山が犯人だという点で完全に一致した。

二人は鉱毒説立証のため夜明けを待って神岡鉱山を正式に訪問した。小林教授が同行したことで、鉱山側は首脳部が案内に立ち、おかげで工場の採石場から始まり、隅々まで詳細に視察することが可能になった。問題の鉱滓場も目にすることが出来た。三年前と比べ、ダムは予想以上に壮大な高さに作られていたという。

視察を終えた二人は、応接室に戻り研究結果を全て鉱山の首脳部に報告した。鉱山の首脳部は学問研究のデータはデータとして納得したという。その応対の態度に二人は感服する。二人が研究結果を学会に報告する考えを表明したのに対して鉱山側は、それは学者として当然だとしつつも、ジャーナリズムへの処置には、十分慎重な対処を念押ししたという。

鉱山を視察したその翌日の五月一三日、小林教授と萩野氏は吉田富山県知事に会見を申し入れる。小林教授の研究結果と、一致した結論を知事に報告した。この会は秘密会のはずであった。ところが、知らぬ間に一人の新聞記者が翌日の富山新聞にすっぱ抜く。二人の意に反し、神岡鉱山との約束が破られる結果になる。

知事と会見した翌日には、小林教授と萩野氏は、県内の他の地区のイタイイタイ病発生の有無を調べるため、大人の骨軟化症と全く同種類の子供の病気であるクル病地区の氷見市へ調査に出掛けた。

しかし、時間を掛けて調査したが、イタイイタイ病患者は一人も発見できず、小林教授と萩野氏はいよいよ鉱毒説への確信を深めていった。小林教授は氷見の土壌と水を持ち帰り調べた結果、銅は多いがカドミウムは極めて微量であった。

5．札幌での発表とにがい反応

以上のような検査結果や調査を踏まえ、一九六一（昭和三六）年六月二四日、札幌の整形外科学会で吉岡氏との連名による研究成果を発表し、イタイイタイ病に関する全てのデータを公表した。学会に出発前から各新聞社から問い合わせの電話があったり、鉱毒説に反対する人たちの動きも伝わってきたという。

報告を終えると、次々と鉱毒説への反論が寄せられた。その一つは、なぜ患者は女性にのみ多いのかということであった。萩野氏の説明はこうである。男性は、男性ホルモンで骨が溶けにくくカドミウムが入りにくい。女性には男性ホルモンが少なく骨が溶けやすい。妊娠、授乳の時期に母性の骨のカルシウムが脱灰（だっかい）してカルシウムが子供に移り子供の骨を形成するという。

次の質問は、本病はなぜ年齢的に若い者に出ないのかというものだった。有毒重金属カドミウムは水または米を通して体内に入るが、その量は微量である。しかし、いったん体内に入ったカドミウムは多くが体内に蓄積され、約三〇年間経ないと発病しないのだという。

それでは、骨以外の臓器に症状が少ないのはなぜか。萩野氏の回答。カドミウムはカルシウムのあるところに置き換わりやすい。したがって、骨が冒されやすいが、他の臓器（腎臓、副腎、脾臓）も冒されている。

動物実験に関する問いでは、一九五七（昭和三二）年以来実施中で、近くその成果を学会に報告できると確信しているとの回答であった。

学会での報告を終え控え室に帰ると、再び新聞社の取材が殺到した。北海道見物の余裕もなく富山に戻るが、ここから萩野氏のいわゆる「受難期」が始まる。

研究はあらゆる方面から白眼視され、悪意に満ちた罵声を浴びる。地元からも冷たい声が聞こえてきた。こうした中、患者の足も一時遠のいて行く。

6．米国ＮＩＨ（国立保健研究機構）からの研究費

一方では、村の有力者のそねみ・妬みにもめげず頑張れとの励ましもあったという。しかし、萩野氏は精神的な行き詰まりで生理的リズムを狂わせていった。糖尿と肝臓の不調を来した。

一九六一（昭和三六）年一二月になると、富山県地方特殊病対策委員会が設立された。富山県として初めてのイタイイタイ病の研究が開始されたのである。但し、小林教授と萩野氏は委員に加えられないという。誠に理不尽なことであった。「白紙の立場の研究者」のみで新しく研究するためというのがその表向きの理由であった。しかし、その実、メンバーには鉱毒説反対の岐阜大学舘公知教授が加えられていた。

小林純教授は鉱毒研究の専門家であった。各大学医学部に依頼し、癌や腫瘍その他の病気で死亡した人の解剖体から各部、臓器を譲り受け重金属分析に興味を持って研究していた。内臓の各部分をスペクトル分析にかけ、どの部分にどんな重金属が集積しているか、立ち所にスペクトル写真に現れる。

また米に含まれるカドミウムの検査、水に含まれる重金属分析も手掛けていた。水の博士、重金属の博士、日本一の分析専門家である小林純教授は世界にも多くの知己を得ていた。一九六〇（昭和三五）年五月、重金属の定量分析を学ぶため渡米している。スペクトルにより乾板上に現れた銀の黒化度をデンシト・メーターdensitometerで測定し、重金属の含有量を数量的に出す定量分析の方法を取得していた。その意味でも小林教授はこの分野では日本の第一人者であり、熟練した技術と正確な分析成績は世界的にも高い評価を受けていた。特に人体や農作物の重金属の測定においては右に出るものがいないのである。

小林教授は渡米し重金属分析の世界的権威であるテネシー大学のイザベル・ティプトンIsabel. H. TIPTON博士にその方法を学び、また特にカドミウムの毒性を詳しく研究していたヘンリー・シュレーダーHenry. A. SHROEDER博士を始め、人体、農産物、水に含まれる重金属分析をやっていた学者を訪問し、技術を交換した。そうした小林教授の努力によって、小林、萩野二人の名で研究データは、医学専門雑誌に寄贈された。

同時に提出された書類によって、ＮＩＨ（アメリカ国立保健研究機構）から三万ドル近い研究費を小林教授と萩野氏は受け取ったのである。貴重な研究費は動物実験に注がれたのであった。これとは裏腹に、萩野氏に対する誹謗と中傷とデマは激しさを増していった。病身の妻もノイローゼを経て亡くなってしまった。深い傷を心に抱えて、イタイイタイ病と類似の症状が外国にもないかを訪ねて、萩野氏は数ヶ月間に亘る海外視察に出掛けた。

7. 対症療法の確立

萩野氏が帰国すると、不在中に患者K・K女が死亡していた。一切の費用を無料とする代わりに、遺体はイタイイタイ病研究用に献体されることになっていたにもかかわらず、遺族の意向で死体は解剖されずに、火葬に付されてしまっていた。しかし、もう一人の学用患者M・K女は生存していた。神通川の近くで生まれ育ち、神通川の直ぐ近くへ嫁ぐ。三〇歳を過ぎたばかりで発病したのだった。夫は痛がる彼女を診察を受けさせるため背負うとした際には激しい激痛と共に、股の骨が折れてしまった。このため、寝ていた布団の下の畳ごと、萩野病院に運ばれてきたのだった。夫の不満も募り、家庭崩壊状態に陥っていた。彼女は進んで我が身を病院の実験用に提供することを申し出たのである。その後、健康を回復し一命は取り留めたが、身長は三〇センチも縮まってしまった。対症療法の甲斐もあって、今では家事の切り回しも可能になり、炊事、洗濯も出来るまでに回復していた。しかし、特に会陰部には激しい痛みを抱えていた。

8. 対馬と群馬の場合

一九六四（昭和三九）年九月、萩野氏は小林教授の勧めで、長崎県対馬（つしま）の東邦亜鉛対州鉱業所へ調査にでかけることになった。小林教授の研究で、対馬の水にはカドミウムが含有されていることが分かっていた。前年には小林教授は、対馬に調査に出掛け、各種検査を実施していたからである。それを踏まえて、今回は萩野氏と一緒の三週間に亘る対馬研究旅行を計画したのであった。これによって、ついにここで、イタイイタイ病と同種の患者を発見することになった。

巌原町全体で神経症患者一八〇人ほどの検診を行い、昔の鉱山廃滓の上に立った樫根集落から、現存患者一人と死亡患者二人、その他、疑わしい患者数人を発見する。樫根集落の戸数はわずか四四戸、そのうち主婦は殆どが神経痛や疼痛を訴え、検査人員四九人中、全身に疼痛を訴えるもの四二人、うち二一人から蛋白尿が検出された。

骨の所見は富山県のイタイイタイ病とは幾らか異なり、骨軟化症よりも骨粗鬆症の傾向が強い。米が少なく、藷や魚介類を多く摂取していたため、富山よりも症状が軽かったとみられる。対馬の亜鉛工場は神岡鉱山に比べて、規模と生産量も遙かに少ないことや、戦争中休山のため、患者の発生が少なかったのである。

他方、今回の件とは別に、イタイイタイ病の対症療法は、色々のアドバイスを受け、完成に近づきつつあった。ビタミンDだけでは二年間かかったこの病気も、長い間の研究でその期間が短縮され、二年間が一年一〇ヵ月、一年六ヵ月と短縮し、ついに四ヵ月まで短縮したのである。外来や入院の患者も増え元通りの萩野病院に戻りつつあった。

一九六五(昭和四〇)年三月には、群馬県安中・東邦亜鉛の調査も実施したが、工場廃水は下水として流下し、生活用水、灌漑用水として利用されなかったこともあり、ここでは患者は発見されなかった。

9. 動物実験の失敗と成功

萩野氏の動物実験は失敗の連続であった。粗末な動物小屋で飼育された数十匹の兎が一晩で突然死したり、動物に飲ませる鉱山廃水も欠乏し、距離的条件のためもあり遂に断念した。また、多すぎたカドミウムを投与した結果、動物が中毒死したり、次に量を減らすも、暑さで動物が死亡するといったことが、次々に起きた。

しかし、次第に動物実験も成功に近づくことになった。全身の骨の萎縮脱灰が著しく、原因不明の骨折も起きたり、動物の血中リン量の減少などが確認出来た。

これに対し、岡山大小林教授の実験は成功であった。カドミウムを単独で入れた餌投与、亜鉛と鉛を複合させた餌、通常の餌、餌の種類を変えたもの、睾丸を抜いたもの、卵巣を抜いたもの、などに分けて一年以上飼育し、一匹ごとに毎週糞と尿を取って定量分析し、カルシウムの代謝出納状況を測定したという。この結果、カドミウム中毒になるとどういうホルモンや餌の状態の時、どれくらいの期間から骨が溶け出すか、餌と重金毒の配合でそれがどのように変わるかなどが、数量的に解明された。また、カドミウムを与えないネズミの骨は成長するが、カドミウムを与えると、途中から食べた以上のカルシウムが身体から抜け出すことや、カドミウムの単独投与でも、また亜鉛や鉛をカドミウムに加えるとさらに進行することなどが裏付けられた。

さらに、一年以上実験を続けると、骨の三割程度が溶け、身体から抜け出した。カルシウムの多い餌を与えても骨にはやはり異常が起こり、水分が多くなり、骨から採れる灰の量も減少するという重要な実験結果が得られた。

アメリカからの研究費で賄われた以上の実験結果は、一九六七（昭和四二）年四月、第一七回日本医学会総会（南山大学）で発表された。

10．性ホルモンとイタイイタイ病の関係

一九六六（昭和四一）年九月三〇日、厚生省イタイイタイ病研究班による研究結果が公表された。その結論は「カドミウム＋α」だった。αとは栄養不良とホルモンのアンバランスのことであった。しかし、萩野氏は栄養は例外なく全ての病気に関係しており、イタイイタイ病の重要な因子であるとはいえないと考えた。

そもそもイタイイタイ病が女性に多いのは、性ホルモンが関係している。男は男性ホルモンがあるから骨が丈夫に出来ている。他方、女性は自分の骨身を削って子供を育てる。母親の骨のカルシウムが溶けてへその緒から子供に送られる。もし、女性に男性ホルモンが多くて骨が丈夫なら、子供は骨が足りない虚弱児になってしまう。

またカドミウムがどのようにしてイタイイタイ病患者の骨の中に入り込むのかといえば、カルシウムが抜けた骨には容易に入り込み、固く結合するので体外への排出は困難だというのが萩野氏の考えであった。

三　鉱毒＝カドミウム説への支援の輪

1．カドミウム説への理解

一九六六（昭和四一）年一〇月、イタイイタイ病への日本社会党の注目で、富山県社会保障推進協議会から講演の依頼を受ける。ホールが一杯となる熱気あふれる聴衆を前に、萩野氏は三時間の講演を

行い、その後には熱心な質問が交わされた。

これを契機に富山県内では頻繁に講演会が開催され、萩野氏は何十回も講演に駆り出されることになる。一二月には婦中町議会に招かれ、イタイイタイ病の実体を掴むための講演を三時間行うが、町長始め三役など全員が出席し、患者への対策を町政に反映させる前向きの姿勢に満ちたものであったという。

翌一九六七（昭和四二）年二月、富山県保健所検査技士会一同の前で、医療の実際に携わり、県民一般の健康を守る責任者に対し、この病気の実体を知らせ検査方法を指導した。

このように萩野氏は講演会に頻繁に呼ばれ多忙を極めたが、講演を乞われれば、開業医としての仕事の合間を縫って出掛け、病気の実体を認識して貰うよう努力を重ねた。

同年五月二五日、それまで面識のない公明党参議院議員矢追秀彦氏（大阪出身の医師）から突然の訪問を受ける。既に小林純教授からイタイイタイ病の実情を聞き、ドクターの立場から患者の実態を詳細に知るため訪問したとのことであった。萩野氏は研究データを詳細に報告し、スライドを使って患者の状態を紹介した。これに対して矢追議員は涙を浮かべ、その日は夜行で帰京すると、翌日の参議院でこの問題を取り上げ、患者の救済を求めた。水俣病、四日市ぜんそくなどとともに公害だと指摘し、有識者の注目を浴びたのだった。

同年六月には富山ロータリークラブでの講演があり、また同月下旬には厚生省環境衛生局公害課の古市圭治技官と加藤三郎技官が視察のため来富した。厚生省としての対策を確立するための調査の実施であった。

同年九月には、日本社会党は角屋堅次郎代議士（三重二区・衆議員議員）を長とする社会党調査団を派遣した。

同年一二月六日には、公明党矢追議員の紹介で患者の小松みよ始め三人の患者代表が上京、園田厚生大臣と椎名通産大臣に直訴するためであった。出発前は気丈に語るも、大臣の前ではただ涙がこみ上げ、ＴＶカメラの前で慄（おのの）く姿が印象的であったという。

一二月九日、公明党の岡本富夫衆議院議員（旧兵庫二区）が来訪し、国会で取り上げる詳しいデータを要請され、萩野氏は資料提供を行う。

2．四人の学者の証言

一九六七（昭和四二）年一二月一五日には、参議院公害特別委員会に参考人聴取された。金沢大学医学部・石崎有信教授、岡山大学小林純教授、財団法人日本公衆衛生協会イタイイタイ病究明に関する研究班班長・重松逸造氏を加え、計四人の参考人であった。

石崎有信参考人の発言は次の通り。①イタイイタイ病の原因ではカドミウムが最も疑わしい。カドミウムが人体内に入って腎臓障害という経路を経てカルシウムの吸収が悪くなり、骨軟化症を引き起こす、③栄養状態の良くない人には特に激しく、ホルモンの関係もあり、イタイイタイ病になる、④カドミウムは、戦争中のものが主となるが、神岡鉱山の工場廃水と推定されるも、昔のことで調査は困難である、と。

小林純参考人の発言は以下の通り。①農林省農事試験所勤務時に、戦時下の稲作鉱害への富山県知事から農林大臣への依頼を受けて現地調査、②神岡鉱山の廃水が稲作減収の原因だと報告するも、それは闇に葬られた、③稲作鉱害が起きた場所と、今回萩野氏が調査した人間公害イタイイタイ病の発生地区とが完全に合致すること、④カドミウムは自分が一九六〇（昭和三五）年にアメリカ留学で定量分析の方法を初めて学び、初めてやった研究成績、⑤患者の身体の中にも地区の全ての食物にもカドミウムが非常に多いこと、⑥アメリカからの研究費を得て行ったカドミウムの動物実験で、二五〇匹の動物が殆どイタイイタイ病になったこと、⑦神岡鉱山と同種類の亜鉛鉱山である対馬の東邦亜鉛の川下にも同様の患者を発見したこと。

萩野参考人の発言は次の通り。①一九四六（昭和二一）年に不幸な患者を発見してから半生を捧げてこの研究に従事したのは、彼らを医師として見殺しに出来なかったからの一言に尽きる、②なぜ神通川流域のここだけにイタイイタイ病が出たのかに対する自身の疫学的見解、③カドミウムが患者の体内にどのように分布し、その所見からカドミウムが原因と断定できるか、④カドミウムがどのようにして患者の体内に入ったのかの過程、⑤カドミウムが神岡鉱山からどのようにして流出したか、⑥動物実験の成功でカドミウム原因説が証明されたこと、などの全てを報告した。

萩野氏に依れば、イタイイタイ病の本体は医学的には「骨粗鬆症＋骨軟化症」である。これを五期に区分すれば次の通り。①第一期（潜伏期）：農繁期や過労後、腰や手足に疼痛。入浴や休養で回復、②第二期（警戒期）：疼痛が次第に激しくなり、歯茎部にカドミウム・リングが形成、尿中にタンパク質が排出。その成績は＋、－がモールス信号様に交互に繰り返す、③第三期（疼痛期）：疼痛がより一層激しくなり、骨盤、恥骨部に刺すような疼痛。骨には萎縮、脱灰の変化。貧血も。歩行時にはWatschelgang

（アヒル様歩行）、骨粗鬆症の所見、蛋白尿は常に＋で、尿糖も、④第四期（骨骼変形期）：疼痛は全身に拡大、歩行困難となり、身長が縮む。X線学的には横のき裂、骨盤はハート型に変形、骨萎縮、骨湾曲、骨改変層などの骨軟化症の所見。尿蛋白・尿糖共に＋。⑤第五期（骨折期）：些細な衝撃で自然骨折。骨皮質に激しい脱灰。外国の文献には見られない。米食をする日本人の場合は、米を通じるカドミウムの蓄積のため、症状が重篤になるというのが萩野氏の見立てであった。

3．行政側の好意的変化

一九六七（昭和四二）年一二月、自民党の小川半次（京都一区衆議院議員十期、参議院議員一期）、箕輪登（北海道衆議院議員）の両代議士が来富し、自民党代表として患者の視察に訪れた。両代議士ともに医師としての立場から、萩野氏の多年の研究上の説明を聴取し、涙ながらに患者の救済に尽力することを約束したという。その際、小川代議士は個人的に患者に対する多額の寄付を行ったほか、帰京後は、佐藤首相に救済の必要を意見具申したほか、医療対策委員長の立場から、厚生大臣にも事情説明を行った。

同年末、厚生省環境衛生局・橋本道夫公害課長が来富。患者の慰問と現地視察、厚生行政の資料を持ち帰る。

一九六八（昭和四三）年一月二九日、吉田実富山県知事と会食し、将来の患者の救済と前向きの行政を約束した。[10]会談には若林芳雄婦中町長・小倉勇町議会議長も同席したという。

一九六八（昭和四三）年二月一日、地区労働委員会、同月一四日、富山市議会文化厚生委員会で講演を行う。

その他、小中学校、PTA団体、学校の先生たちの会合、など連日の講演会に招かれ時間を割き、患者の救済を念願しつつ、病気の実体について講演した。

この間、患者代表は再三神岡鉱山と交渉した。鉱毒説に立ち、鉱山側にわびて貰うため足を運ぶ。だが、鉱山側は一開業医の話では信用できない、公の機関によって鉱山の責任が認定されれば、しかるべき償いをなすとして、数回の交渉を撥ね付けたという。そこで、一九六八（昭和四三）年三月九日、遂にイタイイタイ病訴訟が富山地裁に提起されることとなる。全国から無償、手弁当で弁護に駆けつけ、二三六名の弁護士が参加することになったのである。

患者側代表によるイタイイタイ病訴訟の提起と並んで、同じ年の五月八日には、次のような「イタイイタイ病に関する厚生省見解」が公表された。国によって初めてイタイイタイ病の主要な原因（本態）は「カドミウムの慢性中毒による腎尿細管の病変」であることと、「慢性中毒の原因物質として患者発生地点を汚染しているカドミウムは、自然界に由来しているもの以外は、神通川上流の三井金属鉱業株式会社神岡鉱業所の事業活動に伴って排出されたもの以外には見当たらない」ことが認定されたことで、今やイタイイタイ病の原因解明を巡る事態は、大きな転換期を迎えることとなったのである。

四　イタイイタイ病に関する厚生省見解（一九六八・昭和四三・年五月八日）

イタイイタイ病の原因に関する厚生省見解は、園田直（すなお）厚生大臣によって発表され、その際に「厚生省環境衛生局公害部公害課」名による以下のような内容の「附属資料」が公表されたのである。以下、その内容を見ていこう。

1．イタイイタイ病の本態と原因物質としてのカドミウム

厚生省見解ではまず、イタイイタイ病の本態について、以下のように述べる。①カドミウムの慢性中毒による腎尿細管の病変が起こり、それによる再吸収機能が阻害され、カルシウムが失われ体内カルシウムの不均衡によって骨軟化症を引き起こすファンコニー症候群の一つであること、②この際、妊娠や授乳、更年期や授乳による内分泌の失調がカルシウムの均衡に不利な条件となり、また老化による骨の変化及びカルシウムや蛋白の不足が骨病変を憎悪させる原因として作用する、と。

次にイタイイタイ病の原因については、カドミウムのみに起因する見解は少数であり、カドミウムの慢性中毒による特性の骨軟化症であり、栄養上の障害、妊娠、授乳、内分泌の変調、老齢、等の要素がその症状促進の誘因になっていると見るのが適切であるという。イタイイタイ病の原因をカドミウムによる慢性中毒であると言いつつも、しかし、それだけではなく、栄養障害等の原因もあるという、やや玉虫色の見解！になっているのが1つの特徴である。

それはともかく、イタイイタイ病患者におけるカドミウムの体内蓄積と腎障害の存在は、その尿中のカドミウム排出量の増加、尿中の糖、蛋白陽性等の臨床検査所見からも明らかであると明確に述べている。そして、とりわけ金沢大学武内重五郎教授らの本病患者腎臓の臓器穿刺(せんし)による所見は、病理組織学的にもこれを証明する有力な根拠であるという。ただ、武内教授は後、カドミウム原因説を否定し、栄養不足説へと変説していることには注意されたい。

さらに、岐阜大学館正知教授（後、同学長）の家兎による動物実験では、栄養不足が骨病変を憎悪させる誘因であるとわざわざことわっている。研究班のメンバーであり、鉱毒否定説の館教授にも一定の配慮を行ったと見ることが出来るかもしれない。

2．患者発生の経緯

患者数を公的機関が最初に公表したのは、八尾保健所及び富山保健所であるという。富山県地方特殊病対策委員会、厚生省医療研究イタイイタイ病研究委員会、文部省機関研究イタイイタイ病研究班の三者による統一診断基準の下に一九六七（昭和四二）年度に富山県が実施した集団検診で認定された要治療者数は、一九六八（昭和四三）年三月三一日現在七三人、要観察者一五〇人であった。

要治療者の出生は一八八二（明治一五）年～一九二〇（大正九）年に分布しており、一八九五（明治二八）年～一九〇七（明治四〇）年が最多であった。

発病年齢は三〇歳～六五歳と推定されるので、一九三五（昭和一〇）年頃～一九六〇（昭和三五）年の約二五年間に発病した可能性が最も多く、中でも一九四六（昭和二一）年・一九四七（昭和二二）年頃が最多である。

萩野昇・中川昭忠（県立中央病院）・吉岡金市らの研究報告によれば、既に昭和初期から患者が発生していたと疫学的に推定される（恐らくは大正年間～）。

過去の死亡者数は、一九六八（昭和四三）年二月二八日の富山県報告では五六名と推定される。戦後一〇〇名以上、戦前を含めると約一二〇名との推測が文部省、厚生省、富山県研究班報告書には記載されている。ただ死因については推測の域を出ない。

一九六二（昭和三七）年〜一九六五（昭和四〇）年に文部省、厚生省、富山県三者合同研究委員会が実施した検診で発見された本病患者及び容疑者は、富山市、新保、婦中町、熊野、大沢野町等、主として神通川本流水系の牛ヶ首用水、新保用水、井田川、熊野川、に囲まれた地域に限局されている。

一九六七（昭和四二）年度に富山県が婦中町、大沢野町、八尾町、富山市新保地区、熊野地区等の住民六、一一四名について実施した集団検診では、発見された患者及び容疑者の住居は、神通川本流水系の婦中町及びその周辺地域に限定されていた。

本病発生地域より上流の神岡鉱業所までの神通川流域は、渓谷地帯であり、神通川の河水により灌漑される農耕地はないため、本病の発生はない。

3．カドミウム鉱害説の経緯

本病の発見者であり且つ研究者の萩野昇氏は、一九四六（昭和二一）年婦中町で診療を始めて以来、本病に注目し研究に着手した。

一九五五（昭和三〇）年に河野氏との共同研究を始めるも、やがて栄養障害説、ビタミンD不足説等に疑問を持ち、一九五七（昭和三二）年七月頃、河水の鉱毒による重金属汚染の影響に注目するようになる。

一九五九（昭和三四）年一〇月、岡山大学小林純教授が発光分光分析法（スペクトル分析）により、河川水や井戸水等にカドミウム、鉛、亜鉛等が顕著に含まれていることを発見した。

一九六〇（昭和三五）年八月、農業鉱害問題の専門家である吉岡博士は、神通川水系冷水害調査を現地で行った際、本病と農業鉱害との密接な関連に注目し、神通川水系の河川水、神岡鉱業所の廃滓、稲、魚、患者の臓器、骨等を小林教授に依頼して分析した結果、カドミウム、鉛、亜鉛等、就中（なかんずく）カドミウムが顕著に含まれていることが判明した。

この結果は、一九六一（昭和三六）年六月の整形外科学会で吉岡・萩野の連名で発表された。これ以降、カドミウム鉱害説が、本病に関する学会での論議の焦点になった。

この鉱毒説に対し、神岡鉱業所は、同病院医師らによる一九六一（昭和三六）年九月と一九六二（昭和三七）年一〇月の二回、製錬従業員の精密検査を行い、一九六二（昭和三七）年一月より排水の影響を見るためラットによる動物実験を行ったが、いずれにも異常がないことを発表した。

さらに、岐阜大学の舘正知教授らは、一九六八（昭和四三）年に至り神岡鉱業所のカドミウム製錬従業者中にカドミウム中毒に該当する事例を報告している。[11]

4．カドミウムの由来

それでは、患者体内のカドミウムはどこから来たものであろうか。①患者の体内にカドミウムが多量に蓄積していることは尿中の排泄量の多さから推定、②患者の死体臓器中のカドミウム分析で著しく高い蓄積、③動物実験や海外の分析でもカドミウムが腎臓等の体内に蓄積されることが解明。

食品や水の中のカドミウムについては、①金沢大学石崎教授の報告では、発生地域の玄米、大豆共にカドミウム含有量が対照地域に比して多いこと、②一九六三（昭和三八）年六月の本病第一回合同研究会記録の萩野報告と吉岡氏「神通川水系鉱害研究報告書」中には、二軒の患者の井戸水から小林教授の分析によってカドミウムが検出されたこと、③一九五五（昭和三〇）年頃までは神通川水系の用水が飲料を含む生活用水としてしばしば使用されたほか、味噌、川魚等の食品中にカドミウムがかなり検出されたこと、④米や水の分析結果からすれば、汚染地区の成人は、通常のカドミウムの一日当たり摂取量より多い量を摂取していたと考えられること。

土壌中のカドミウムの由来　①農作物中のカドミウムは、土壌中より吸収されたものである、②今回の調査で、神通川本流水系用水によって灌漑された水田土壌中にはカドミウム、鉛、亜鉛が広く分布し高濃度であった、③これら重金属は、神通川本流水系の各用水を介して水田中に運ばれたもので、用水による高濃度の重金属類の流入時期は、主として一九二四（大正一三）年以降であることが調査で判明したこと、④即ち本病発生地域の土壌中の重金属汚染は、既に一九一九（大正八）年の農事試験場による鉱毒地の土壌分析時から着目されており、鉛、銅、亜鉛の土壌中の濃度について分析され指摘されていたこと。

5. 神通川本流水系のカドミウム汚染

（1）慢性中毒の原因物質として、患者発生地域を汚染しているカドミウムは、自然界に由来するもの以外は、神通川上流の三井金属鉱業株式会社神岡鉱業所の事業活動によって排出されたもの以外には見当たらない。

（2）神通川本流水系の川泥中のカドミウムは、神岡鉱業所よりも上流の二地点及びその下流で支流として流入する跡津川において、対照河川よりもやや高い濃度を示すが、同鉱業所廃水直下では非常に高い濃度を示す。

（3）神通川下流の患者発生地域の浅層地下水の流動状況調査結果から、本病の有病率の高い地域は、強い地下水流の経路にほぼ一致し、地下水と患者発生との関連を示唆している。

（4）現在、井戸水中のカドミウムは不検出だが、一九六〇（昭和三五）年、萩野・吉岡両氏による研究発表中に小林教授の分析により、二軒の家の井戸水にカドミウムが検出されたことが記録されている。

（5）神岡鉱業所からのカドミウム　①神岡業所の廃滓や廃水の処理状況の沿革を見ると、浮選法は一九〇九（明治四二）年から始められ、カドミウム等の重金属を含む廃水は沈殿池を通じて処理・放流されていたこと。②一九一三（大正二）年までは選鉱工程から出る亜鉛精鉱（カドミウムを含む）は、全量ドイツへ輸出され、一九一三（大正二）年～一九四三（昭和一八）年は三池の亜鉛製錬所へ輸送されていた。③一九一六（大正五）年に廃滓及び廃水の処理沈殿池が設置。一九二〇（大正九）年にはドル・シックナーDorr thickener（鉱物などを濃縮・選別する装置）、沈殿池、石灰により中和されていたこと（一九四三・昭和一八・年七月の農林省小作官補石丸一男・農事試験所技師小林純による復命書及び附属資料）、（中略）。④こうした神岡鉱業所による鉱毒防止努力にも拘わらず、大正年間から農業鉱害問題が存在（小林純ら同上復命書）、⑤今回、鉱業所の廃水を四つの排水口で測定した結果、カドミウムなど重金属が高い濃度を示した。

⑥廃滓堆積場のボーリング調査では、年次別の堆積廃滓中のカドミウム、鉛、亜鉛の含有量を測定

したところ、鹿間第一堆積場ではカドミウムが最高四三・九ｐｐｍ、鹿間第二堆積場では最高七二一ｐｐｍ、和佐保堆積場では最高一八・七ｐｐｍであった。これら堆積場が決壊した場合、莫大な量の重金属が流出したであろうことを裏付ける。⑦数次に亘る廃滓堆積場の災害等による決壊が、カドミウム等重金属の流出が下流に相当の影響を与えたことを示唆する。

（６）決壊の記録

現存する記録　［一］①神通川誌一九三八（昭和一三）年七月下旬：鹿間堆積場の堰堤が大雨で決壊、②一九四五（昭和二〇）年一〇月八日鹿間堆積場が決壊し、約四〇万立方メートルの廃滓が流出、［二］一九五六（昭和三一）年五月一二日、和佐保堆積場が決壊し、約一五、〇〇〇立方メートルの廃滓が流出した。

６．公害行政としての今後の措置と課題（略）

７．今後の見通し（略）

以上のような「厚生省見解」には、やや曖昧な説明も少なからず含まれるとはいえ、イタイイタイ病の本態は、カドミウムの慢性中毒による腎尿細管の病変によって、その再吸収機能が阻害され、カルシウムが失われたことによって骨軟化症が引き起こされる、いわゆるファンコニー症候群の一つであること、そのイタイイタイ病の原因は、米などの食品や飲料水に含まれるカドミウムを長年に亘って体内に摂取したことにより発生したものであること、そしてそもそも、そのカドミウムがどこから由来したのかと言えば、神通川上流の三井金属株式会社神岡鉱業所の事業活動によって生じた鉱滓に含まれるカドミウムに由来するものであることなどが、公式に認定されたのである。これは言い換えれば、イタイイタイ病が、国によって初めて公害病であると認定されたわけである。さらに、こうした流れを踏まえて、一九七一（昭和四六）年六月三〇日には富山地方裁判所におけるイタイイタイ病第一次訴訟での原告側勝訴の判決へと連なっていくのであった。しかもその判決内容は、「厚生省見解」よりも遙かに明確に、イタイイタイ病の本態は、ファンコニー症候群と呼ばれる広範な腎尿細管の機能障害であることや、その原因はカドミウムを措いて他にはないこと、そしてその原因となったカドミウムは、自然界に由来する微量のものを除けば、被告会社である神岡鉱業所からのものが主体となっていることをはっきりと述べているのである（但し、ここでは判決内容についての説明は省略）。

五　萩野昇氏の朝日賞受賞とその経緯

さて、一九六八（昭和四三）年五月八日に厚生省がイタイイタイ病を公害病と公式に認定したことを受け、萩野氏は同年、これまでの功績に対して日本医師会最高優功賞に加え、朝日新聞社より栄えある朝日賞を受賞したのである。朝日新聞「朝日賞の人々」の記事によれば、萩野昇氏が受賞理由に挙げられたのは、「『イタイイタイ病』の患者治療と原因究明」であった。

「朝日賞の人々」の中で同新聞は、一九五六（昭和三一）年頃から「萩野医師は、患者発生地点を調べ始めた。患者は神通川流域の一地域に集中していた。地形を調べてみると、ここだけ川床が両岸の水田より高く、川水が洪水のたびにあふれた。川の水に疑いの目を向けた。上流にある神岡鉱山（亜鉛）

の鉱毒ではないかと考えた。」とのべて、萩野医師が鉱毒説を採っていたことを述べる。

それと同時に、「重金属分析の第一人者」である小林純・岡山大学教授の功績にも併せて触れ、「神通川の水や患者の家の井戸水を分析したところ、多量のカドミウムを検出した。小林教授が萩野医師の鉱毒説を初めて科学的に立証したのである。」と指摘した。さらに「〈小林先生の努力がなかったら、田舎医者の俗説として片付けられていたでしょう〉と萩野医師はしみじみともらしている」ことも付け加えていた。

であれば、小林純教授についてはなにゆえ、同社は受賞の対象者に加えなかったのか。また、この記事では、吉岡金市氏には全くなんの言及もない。同氏にはイタイイタイ病の解明で何の功績もなかったのか。

「厚生省見解」では、「萩野、中川昭忠、吉岡金市博士等の研究報告により、すでに昭和の初期から(イタイイタイ病の)患者が発生していたことが疫学的に推定される試料もあり」(附属資料 Ⅱページ)としている。

さらに、既述した通り、「厚生省見解」には次のような詳細な言及が行われている。

「萩野博士は、イタイイタイ病の原因としての栄養障害説に疑問をいだき、一九五七(昭和三二)年二月頃より河水の鉱毒による重金属汚染の影響に着目して動物実験を行い、また、河川水、井戸水等の水質の分析も幾つかの機関に依頼して実施していたが、一九五九(昭和三四)年一〇月、岡山大学の小林純教授が発光分光分析法によりカドミウム、鉛、亜鉛等が顕著に含まれていることを見出した。また、農業鉱害問題の専門家である吉岡博士は、一九六〇(昭和三五)年八月、神通川水系冷水害調査を現地で行った際、本病と農業鉱害との密接な関連に注目し、神通川水系の河川水、神岡鉱業所の廃滓、稲、魚、患者の臓器、骨等を小林教授に依頼して分析したところ同じくカドミウム、鉛、亜鉛等なかんずくカドミウムが顕著に含まれていることが明らかになり、ここにはじめてイタイイタイ病の原因物質としてのカドミウムが注目されるに至った。この結果は一九六一(昭和三六)年六月の整形外科学会で吉岡、萩野両博士の連名で発表され、これ以降カドミウム公害説が、イタイイタイ病に関する学会の議論の焦点となった。」(附属資料、六ページ)「昭和三八年六月のイタイイタイ病第一回合同研究会の記録の中における萩野博士の報告及び吉岡博士の『神通川水系鉱害研究報告書』中には、二軒の患家の井戸水から小林教授の分析によってカドミウムが検出されたと記されている。」(附属資料、七ページ)と。

以上に鑑みれば、朝日賞におけるイタイイタイ病の功績に関しては、一人萩野昇氏のみならず、小林純氏や吉岡金市氏の功績も踏まえ、同時受賞者に加える方法もあったのではなかろうか。

なお、ここに付け加えておけば、萩野昇氏自身は、朝日新聞社担当者から朝日賞受賞の打診を受けた際には、この研究は自分だけで出来たわけではなく、他の研究者についても受賞されるべきと主張したという。これに対して、新聞社側ではこの賞はそのような趣旨のものではないとして、単独での受賞を薦めたものとされる。ここに、共同研究を進めた三人の科学者たちの間に大きな亀裂が生まれる重要な要因があったと言わなければならない[12]。

むすび

（1）萩野医師が復員後初めてイタイイタイ病患者を診察し、訴訟第一審判決でイタイイタイ病の原因が三井金属神岡鉱業所から排出されたカドミウムにあることが公式に認定されるまでには、二五年という長い年月を要した。

（2）そこには、萩野医師による孤独で長い苦闘の歴史があるが、吉岡金市氏や小林純氏との出会いや共同研究がなければ、カドミウム原因説に到達することは出来なかったのではなかろうか。

（3）特に小林純氏によるスペクトル分析による重金属の定性分析や、一九六〇（昭和三五）年のアメリカ留学で学んだ定量分析によって、水や農産物、患者の内臓や骨に含まれるカドミウムなどの重金属類の定量分析が可能になったことの意味は極めて大きい。

（4）また小林純氏が、アメリカの科学者たちとの知己を通じて、NIH（アメリカ国立保健研究機構）からの研究費が得られたことによって動物実験を成功させたことの意義も決して少なくない。

（5）これに比較して、吉岡金市氏による貢献度はやや地味である印象は否めないが、既に一九六一（昭和三六）年時点において、富山県の農業団体からの依頼を受けて、疫学的手法による「農業鉱害と人間公害」の因果関係を明確にしていたことの意義は少なくない。そうした疫学的調査と研究の重要性は、第一審判決の中でも繰り返し言及されていた。萩野氏の鉱毒説でも、疫学的手法が基礎にあるといえなくもないが、吉岡氏の場合は、極めて体系的な考察が行われている。[13]

（6）また、吉岡氏が、富山の萩野昇氏と、岡山の小林純氏という二人を繋ぎ合わせ共同研究を行う接着剤の役割を果たしていたことの意義も決して少なくない。
(7)こうした三人の共同研究がなければ、患者が神岡鉱山を相手取って訴訟を提起したり、ましてや訴訟第一審判決において原告全面勝訴を勝ち取ることなどは出来なかったはずであろう。
(8)そうであるだけに、一九六八(昭和四三)年の日本医師会最高優功賞や朝日賞の受賞者に萩野昇氏一人だけが選考されたことは、吉岡金市氏と小林純氏の二人の功績が軽く扱われてしまう結果となったのではないだろうか。その点が残念に思われてならない。

参考文献

(1)朝日新聞「朝日賞の人々萩野昇氏:イタイイタイ病の患者治療と原因究明」一九六九(昭和四四)年一月一〇日付け「朝日新聞」。
(2)イタイイタイ病を語り継ぐ会『イタイイタイ病　これから語り継ぐこと』フェイスブック、二〇一四年。
(3)宇井純「日本の鉱害体験」(吉田文和・宮本憲一編『環境と開発』岩波書店、二〇〇二年)。
(4)鏡森定信「わが国の主な鉱害とイタイイタイ病——被害と対策の歴史からの教訓——」富山県農村医学研究会『富山県農村医学研究会誌』第四一巻、二〇二三年六月。
(5)(公明党「イタイイタイ病の公害認定」(公明党公式アカウント)。
(6)小林純「イタイイタイ病の原因の追究Ⅰ~Ⅲ」『科学』岩波書店、一九六九年六~八月号)。
(7)小林純「イタイイタイ病」(『ジュリスト臨時増刊　第一部②現代の公害』一九七〇年八月)。
(8)小林純『水の健康診断』岩波新書、一九七一年。

(9) 立石裕二「イタイイタイ病問題における科学と社会の関係」（年報『科学・技術・社会』第十四巻、二〇〇五年）。
(10) 新田次郎『神通川』（新田次郎『霧の子孫たち・神通川』新潮社、一九七五所収）。
(11) 萩野昇『イタイイタイ病との闘い』朝日新聞社、一九六八年。
(12) 萩野昇・宇井純『公害原論　イタイイタイ病』東京大学工学部助手会公開自主講座実行委員会、一九七一年一〇月。
(13) 萩野昇「イタイイタイ病と生きる：富山大学教養部講座「人権と差別」における講義録、一九八八年五月」（萩野昇先生追悼文集発行委員会編『イタイイタイ病と生きる――故萩野昇先生をしのんで――』）。
(14) 萩野昇先生追悼文集発行委員会編『イタイイタイ病と生きる――故萩野昇先生をしのんで――』一九九〇年。
(15) 八田清信『死の川とたたかう―イタイイタイ病を追って―』偕成社文庫、初版一九八三年。
(16) 『婦中町議会議事録　昭和三五年』一九六〇年。
(17) 『婦中町議会議事録　昭和三六年』一九六一年。
(18) 『婦中町議会議事録　昭和三七年』一九六二年。
(19) 『婦中町議会議事録　昭和三八年』一九六三年。
(20) 田村洪「イタイイタイ病悲劇のかげに　対立する三人の公害告発者」『文藝春秋』一九七〇年一二月号。
(21) 毎日新聞社編『骨を喰う川：　イタイイタイ病の記録』毎日新聞社、一九七一年。
(22) 向井嘉之『原告　小松みよ』能登印刷出版部、二〇一八年。
(23) 向井嘉之『イタイイタイ病と戦争―戦後75年忘れてはならないこと―』能登印刷出版部、二〇二〇年。
(24) 向井嘉之『野辺からの告発―イタイイタイ病と文学―』能登印刷出版部、二〇二二年。
(25) 向井嘉之・金澤敏子・高塚孝憲『神通川流域民衆史―いのち戻らず大地に爪痕深く』能登印刷出版部、二〇二三年。
(26) 吉岡金市『神通川水系鉱害研究報告書―農業鉱害と人間公害（イタイイタイ病）』一九六一年六月三〇日（吉岡金市『イタイイタイ病研究―カドミウム農業被害から人間公害（イタイイタイ病）への追究―』たたら書房、一九七〇年三月、第一編所収）。

（27）吉岡金市「イタイイタイ病と鉱害との関連性についての疫学的観察」一九六四年三月一〇日受理（吉岡金市『イタイイタイ病研究―カドミウム農業被害から人間公害（イタイイタイ病）への追究―』たたら書房、一九七〇年三月、第Ⅴ編所収）。
（28）吉岡金市『イタイイタイ病研究―カドミウム農業被害から人間公害（イタイイタイ病）への追究―』たたら書房、一九七〇年三月。
（29）吉岡金市「ゆがめられた事実――イタイイタイ病の研究史を正す」一九七〇年三月一七日付け『毎日新聞』。
（30）吉岡金市『公害の科学　イタイイタイ病研究』たたら書房、一九七〇年。
（31）吉岡金市『公害原論　イタイイタイ病原因論争』東大工学部助手会・公開自主講座実行委員会、一九七二年一二日。

文末注

［1］本稿とは異なり、金沢大の研究者たちの役割にも注目すべきであるという立石裕二氏の研究がある。同氏は次のように述べている。「イタイイタイ病の研究史で問題になるのは、イタイイタイ病の原因を究明した功績を、萩野・吉岡・小林のグループと、金沢大の研究者たちのいずれに帰するかという点である。この点については現在でも記述が分かれている。例えば宇井・・は、萩野と小林の研究によって因果関係が明らかになったとし、金沢大の研究者たちの業績には一切触れていない。これに対し、富山県のホームページでは、金沢大の研究班についてのみ記述され、萩野らの業績には一切触れられていない。本研究では両者の中間的な見方をとり、萩野・吉岡・小林によって一定の知見が蓄積され、それが金沢大の研究者たちによってさらに前進されたと考える」（立石裕二「イタイイタイ病における科学と社会の関係」、九頁）と。興味深い指摘であるが、同じ金沢大学でも武内重五郎医学部教授のように、途中でカドミウム説からビタミンD説へ突然変更し、三井金属側に加担した医学者もいたことは否めず、一概に金沢大グループと一括することには疑問がある。他方、富山県立イタイイタイ病資料館前館長の鏡森定信氏は、被害者らがわが国の公害裁判で最初の勝訴を実現することが出来たのには、「低濃度のカドミウムの検出に加えて、戦後わが国に導入された〈疫学〉なる調査研究方法の貢献がある」として、それに貢献した研究者として、一九五〇（昭和二五）年に金沢大学公衆衛生学教室初代の教授となった石崎有信氏と、一九六二（昭和三七）年にこの講座の教授に着任した疫学が専門の重松逸造

氏らの名前を挙げている（鏡森定信「わが国の主な鉱害とイタイイタイ病」、五ページ）。ここで名前が挙げられている石崎有信氏については、一九六七年一二月一五日の、参議院公害特別委員会に萩野・小林氏らと共に参考人で証言している一人として、本稿でもその発言を紹介しているが、どのような研究業績があり、吉岡氏の疫学的研究とはどの点で差別化されるのか等については、今後の課題としたい。

[2] 特に断り書きを入れない限り、本文の大きな流れは、萩野昇『イタイイタイ病との闘い』によって整理した。その他の主要な出所として、萩野昇「第1章　イタイイタイ病と生きる」、毎日新聞社編『骨を喰う川』、八田清信『死の川とたたかう』を参照した。

[3] 小林純「イタイイタイ病の原因の追究Ⅰ～Ⅲ」、同「イタイイタイ病」、同『水の健康診断』。なお、小林純氏の二編の論文と、田村洪論文「イタイイタイ病悲劇のかげに対立する三人の鉱害告発者」、については、向井嘉之氏からコピーの提供を受けた。これらにより本稿の執筆に際しては極めて有益な示唆を与えて頂いた。記して、謝意を表する。

[4] 吉岡金市『農業鉱害と人間公害』、同『イタイイタイ病研究』、同「ゆがめられた事実」。

[5] この投稿は萩野昇『イタイイタイ病との闘い』、三五ページ、による。ただ、どの新聞への投稿であるかは不明である。

[6] 因みに、婦中町の町会議員と言えば、萩野昇氏も、一九五五（昭和三〇）年五月二〇日～一九六三（昭和三八）年二月七日まで、婦中町議会議員を務めていた。病院長は、町の名士であったからであろうか。但し、出席は常ならず、昭和三六（一九六一）年三月二二日の議会では、岩田議員から「萩野議員は過去二年間を通じ非常に少ない出席である。まして重要な予算議会ですら一回も出席されない。これでは議員の任務は果たされない」と強い調子で批判を受けていた。これに対し村井議長が、「萩野議員については度々欠席の理由を電話で聞いているが、職務が職務であるので、ご意見はもっともと思うが、今後は強く要望する」と、なだめすかしている。他方、同年六月二八日の議会では、久々に出席した萩野昇議員が、同僚議員たちを前に、北海道で開催されたばかりの全日本医学会（同年六月二四日に札幌で吉岡金市氏との連名で発表した整形外科学会の間違いではないのか？——星野）で報告したことや、報告に至るまでには、萩野氏がイタイイタイ病患者四名の身体のあらゆる部分を、また吉岡金市氏は草や米等の植物を、それぞれ手に入れ、それらを岡山大学の小林純教授に届けスペクトル分析によって検査をした結果、全てが黒と出た（即ちカドミウムなどの重金属が検出された）ことを踏まえ、今回の学会発表に至った経緯等を説明している（出所はいずれも『婦中町議会議事録　昭和三六年』による）。

[7] 向井嘉之氏は、鉱毒説を唱えた萩野昇氏が「カドミウムを明確に指摘する段階までいっていなかった。/こうした流れを決定的に変えるきっかけを与えたのが、イタイイタイ病に母を奪われ被害地の農民として戦い続けていた青山源吾だと筆者（向井）は考える」（向井・金澤・高塚『神通川流域民衆史』、一八六ページ）として、青山氏が吉岡金市氏を萩野氏に引き合わせたことの重要性を強調している。こうした「青山の仲介で萩野と吉岡が会ったこと」が、この後の「萩野・吉岡・小林のいわば共同研究」を通じてカドミウムの検出に繋がった（同前、一九〇ページ）と指摘している。

[8] 以上は、萩野昇『イタイイタイ病との闘い』、六七―六九ページ。

[9] 萩野氏は、一九七一年に東大の宇井純氏が主催する「公害原論」の講演の中では、次のように述べている。「小林先生から私の方へ送られてきたスペクトロ分析の写真を（吉岡氏に）お目に掛けたら、〈ああ、これはヒ素、カドミウムだけど、カドミウムの方がクサいんじゃないだろうか〉の話になってきた。そこで吉岡先生のアドバイスで、水オンリーであると思っていた私の鉱毒説が、水プラス米と変わってきたわけです。ですから、いま広くイタイイタイ病の原因はカドミウムである、そのカドミウムが水を通して、米を通して、人体に入るんだという、その米の方は吉岡先生のお仕事なんです。これも私の仕事じゃございませんから、あのぉ、訂正しておきます。カドミウムを発見されたのは小林教授であり、米から人体内に入るとおっしゃったのは吉岡先生。」（『公害原論　イタイイタイ病』、一五ページ）と。なお、この発言を受けて宇井純氏は、「現在までの研究の結果、ずっとじつは吉岡さんの敷いたレールの上を、厚生省がサボったり、脱線したりしながら、結局、いうとおりになってカドミウムに落ち着いた、というのは四三年までですね」（同前、一五―一六ページ）と、興味深い発言をしている。

[10] 萩野氏はこのように吉田知事の態度が前向きになったと評価していたにも拘わらず、イタイイタイ病に関する「厚生省見解」が出されたことに対して、またもや後ろ向きの態度を示したのである。これについて向井氏は、「驚いたことに当時の吉田実富山県知事は、厚生省見解の文中に〈公害にかかわる疾患〉との表現が使われたことを受け、〈イタイイタイ病はあくまでも公害にかかわる疾患であり公害病ではない〉との見解を明らかにしたのである。イタイイタイ病に対する富山県の行政姿勢に地元婦中町以外からも多くの疑問の声があがった」と指摘している。また一九六八年五月一二日付け『北日本新聞』も「県の態度は後退だ」という大きな見出しを付けて報道している（向井・金澤・高塚『神通川流域民衆史』、二一四ページ）。

[11] しかし、小林純氏は、一九六四（昭和三九）年一二月頃に放映したNHKテレビ番組では、館教授が栄養不良説に立

ち鉱毒説に真っ向から反論していたと述べている（出所　岩波『科学』Vol.39 No.6、p.291）。このことからすれば、途中で、栄養不良説からカドミウム説へと変更したのであろうか。疑問が残る。

[12] 田村洪「イタイイタイ病悲劇のかげに　対立する三人の鉱害告発者」では、萩野氏の朝日賞受賞の後、三人の共同研究者の間に深刻な亀裂が生じたことが詳細に述べられている。

[13] 鏡森定信氏は吉岡金市氏について、「彼は、農業と人体被害とがカドミウムに起因することを疫学的手法で最初に結論づけた功労者である」（鏡森、「わが国の主な鉱害とイタイイタイ病」、五ページ）と高い評価を与えている。

研究論文

最激甚公害イタイイタイ病を振返る——小林純の研究を中心に

外岡　豊

概要

富山県富山市の西側地域を北に向かって流れ富山湾に注ぐ神通川下流域で集中的に発生したイタイイタイ病は、その約五〇キロメートル上流の岐阜県神岡町にある三井神岡鉱山から神通川に流出したカドミウム汚染によるものであった。若い世代の方々には歴史上の一公害事件として軽く受け流されてしまうかも知れないが、世界中の鉱公害健康被害を見ても、これ程激甚な、病名通り痛い痛い思いを多年に渡って患った過酷な事例は他にない。

熊本水俣病やベトナム戦争枯葉剤被害のように胎児性、幼児性で奇形や重度障害が発症した事例はあるが、村々の多数の女性が体中の骨が数十ヵ所も折れる程になっても、適切な医療的な治療措置もできず、発生原因を止めることもできないまま数十年汚染が継続していた、これほど激甚な鉱公害は他にない。

イタイイタイ病は四大公害裁判の一つであり、最初に公害病認定された代表的な激甚公害（正確には鉱害）であり、文字通り痛い痛いまでの過酷な健康影響が長期間解決されないまま続いたことについて、その詳しいことは富山地域の人には知られていても、今なお全国的には知られていないまま今日に至って忘れ去られようとしていることが、どうしても見過ごし難い事として非常に気になっていた。イタイイタイ病の原因がカドミウム摂取によるものであることを分析した小林純の研究成果が公害裁判の勝訴を支えた貢献について地元の人によく知られていないままであるらしいこと、例えば県のイタイイタイ病資料館でも、患者発生中心地域にある清流会館（被害者団体のイタイイタイ病対策協議会事務所）でも小林純の研究についてほとんど展示されていないことがどうにも腑に落ちないことであった。ちょうど一年前にイタイイタイ病研究会設立頃から「イタイイタイ病学」を提唱する向井嘉之氏の知遇を得て、この本の執筆にも加わる機会をいただいたので、あまり地元の人に知られていない、全国的にも限られた研究者にしか知られていない様子の小林純の研究とその貢献を中心に明治期以来のイタイイタイ病の経緯について述べる。

前史

日本での鉱公害として、奈良の大仏建立に銅を献上した長登（ながのぼり）（現・山口県美東町（みとうちょう））の村が亡んだという記録が最古のものであろう。当時の技術では銅の融点一〇八五度Cの高温を得ることが難しかったが、ヒ素が混ざった鉱石は融点が低いので長登の銅鉱石が用いられた。通常の銅鉱山でも周辺地域の環境破壊を起こすものであるが、長登の場合は、そのヒ素が原因で村が亡ぶ程の激甚鉱害になったとされている。[1]

神岡鉱山の歴史は古く養老年間（七二〇年頃）に黄金（こがね）が出て天皇に献上したという記録がある。[2] 一六世紀末には一五八九（天正一七）年に鉛が採掘され、同時期に茂住、和佐保銀山が開かれた。徳川幕府が一六九二（元禄五）年に飛騨高山を天領としたのも木材資源と鉱山資源を直接押さえておきたかったのだろうと言われている。既に江戸時代に水質汚濁被害があり、多数の「悪水証文」が残されている。最初の例は一六九四（元禄七）年であった。一八一九（文政二）年頃から増産により悪水の農業、飲料水被害が拡大し、地元の村は悪水処理を稼人（鉱山採掘経営者）に義務付けた。これは私が知り得た日本で最も古い鉱公害防止行政の実例である。[3]

神岡鉱山の歴史

イタイイタイ病の経緯を理解するには最低限、神岡鉱山の歴史を頭に入れておかないとならない。明治時代以来の鉱山の歴史を概観しておこう。

明治維新で富国強兵殖産興業を旗印に、近代工業生産を推進しようとした明治政府は一旦鉱山を官有とし、その後民間資本への払い下げを行った。その頃、神岡では零細な稼人の鉱山経営は悪化し、その多くが三井組から借金をしていた。大阪造幣局の責任者でもあった元勲、井上馨（一八三五―一九一五）は一八八五（明治一八）年神岡鉱山の全山統一（大規模経営への集約）を指示した。一八八九（明治二二）年、三井組が全山統一し全経営権を握った。翌一八九〇（明治二三）年に回転焙焼炉を導入したが、煙害が激化し近隣住民から苦情が出て激しい抗議運動が起こった。三井組は一八九三（明治二六）年、鉱毒飛散除去室を設置したが、粉塵中の鉛回収装置で煙害防止を主目的とするものではなかった。当時は銀生産が主で、副産物として鉛が生産されていた。その後の主生産品となる亜鉛の生産が開始されたのは一九〇五（明治三八）年になってからであった。その年、精錬工場が鹿間（現在も主要工場がある敷地）

に移設され亜鉛生産量が急激に増大し始めた。粗鉱生産量は一九一〇〜一九二〇年代は一〇万トン未満であったが、一九三五（昭和一〇）年頃から急激に増大し、一九四〇（昭和一五）年に七五万トンに達し、終戦直前に九〇万トンに達していた。[4] 生産が戦争関連需要に支配されて来たことが見て取れる。

大正初期の生産増大は顕著な煙害を招き、一九一七（大正六）年、富山県議会で精錬を中止し被害を賠償するよう要求した質問もなされた。翌一九一八（大正七）年、鉛精錬脱硫塔と電気集塵機を設置、その後亜鉛焙焼炉は三井三池に移設された。

一九一一（明治四四）年、浮遊選鉱法が開始され、これがイタイイタイ病発生の始まりであった。神通川下流域での水質汚染被害については一九二〇（大正九）年に「看過ごし得べからざる神通川の鉱毒問題（上下）」の論考が発表され、上新川郡農会より農商務大臣と県知事に建議書が提出された。

一九二七（昭和二）年、全泥式浮遊選鉱法が導入され、さらに細粒化した鉱石が使われるようになり、下流域への流出、水田への流入量が増えて患者被害拡大に繋がった。

一九三〇年代になっても被害流域からの抗議運動があり、一九三二（昭和七）年被害町村有力者等が鉱山当局に厳重抗議していた。富山県は河川水の水質や汚染農地土壌を調査し亜鉛の高濃度汚染を確認している。当時はまだカドミウムは測定分析されていない。翌一九三三（昭和八）年富山県は鉱山に鉱毒防止設備設置を要求、それを受けて増谷堆積場の建設が始められた。一九三四（昭和九）年には高原川筋漁業協同組合に鉱山から一〇〇万円寄付がされている。

こうした抗議と対応がなされたが、一九三六（昭和一一）年鹿間谷堆積場が決壊する等、鉱滓流出防止は不十分であった。一九三七（昭和一二）年、日中戦争が始まると生産量は増大、戦時体制下で直接放流されたこともあり下流域の被害は拡大、一九三〇年代前半の抗議運動も実を結ばないまま、終戦まで大量鉱滓流出が続いた。

カドミウム生産が開始されたのは終戦直前の一九四四（昭和一九）年である。それまで回収されないカドミウムが鉱滓に混ざって流出していた。その後のカドミウム流出量は大幅に減少したはずであるが、一九四五（昭和二〇）年一〇月の豪雨で鹿間谷堆積場が決壊し、その時も大量のカドミウムが流出した恐れがあるが、カドミウム生産開始後も以前から堆積場にあった鉱滓が流失していたはずで、一九五五（昭和三〇）年の和佐保堆積場の完成によってようやく流失が止まったとされている。その前に水田の土壌中に堆積していたカドミウムは、その後も稲の根から吸収され、その白米を食べた人に経口摂取され続けた。

なお、終戦後の生産量は一九四五（昭和二〇）年終戦により激減、粗鉱量は四〇万トンを割り込んだが、その後急成長して一九七〇（昭和四五）年頃には一五〇万トンに達している。[5]

激甚公害としてのイタイイタイ病の特徴

四大公害裁判の一つであるため公害扱いになっているがイタイイタイ病は鉱害である。熊本、新潟水俣病、四日市喘息（ぜんそく）と併せて語られると戦後の高度成長期公害のように誤解誘導されてしまうが、本質は明治期の鉱害で足尾鉱毒事件に近い。足尾鉱毒事件も実はカドミウム汚染であった。これも小林純の研究で渡良瀬川流域産の米中カドミウム量が突出して高いことが分析されたことで明らかになった。神岡でも明治期から汚染は始まっていたはずであるが、最初の患者発生は浮遊選鉱法が開始された一九一一（明治四四）年とされ、大正、昭和を通じて五〇年以上継続した結果として四大公害裁判の一角を占めることになった。深刻な健康影響被害が長期間放置され続けたことも激甚さの一要素である。金属鉱山でカドミウム汚染が発生することは国内でも海外にも多数例があるが対馬の例を除いてはイタイイタイ病だけに激甚健康被害が見られた。その原因は浮遊選鉱法にある。鉱石を微細な粉末に砕いて、特殊な薬剤で泡に浮かせて鉱石を取り出す方法で、回収しきれなかった重金属、神岡では亜鉛、鉛、カドミウムの微小粒子が鉱滓中に残り、これが神通川に流れ込んで下流の水田に沈殿したのである。豊富な雪融水があることが多重な要因となって重なり激甚被害をもたらした。その第一は豊富な水を活用した浮遊選鉱法であるが、神通川の豊富な水量は下流域に広大な水田地帯を形成したが、水田稲作の米が百倍以上のカドミウム濃縮（表1、後出）をして米を多食する食生活を通じて摂取量を増大させた。また豊富な雪融水の清流は生活用水としても活用され、飲料水としての直接接種も健康被害の一因となった。戦前は河川の淡水魚漁も盛んで、水産物経由の経口摂取も加わった。被害地域の生活の全てが神通川を水源として成り立っていたので、あらゆる経路からカドミウムを経口摂取する結果になっていたが、それはこの水系で豊富な雪融水が流れてふんだんに利用できたからであった。そして特に多産の女性が、多量のカドミウム接種によって骨中カルシウムが溶出した結果、産後の骨中カルシウム量回復が困難になり、重度の骨粗鬆症、骨軟化症になった。こうした生活が戦前から五〇年以上長期間継続したことも総摂取量を更に増大させた。

発生源事業場がある神岡町は岐阜県、甚大な被害を受けた神通川下流域は富山県と行政区域が分かれていたことも対策行政をやりにくくした。発生源企業が大きな資本力を持ち、被害者である農村とその居住者、主に農民との力関係の差が大きかった。特に戦前、戦時中はそうであった。終戦後、民主社会になった後の経緯においても、発生源対策と患者救済と、イタイイタイ病の場合は汚染土壌回復も重要課題であったが、それを迅速に進める上で産業界、国や県がどのような役割をしたのか。対応は十分であったのか、遅らせた要因は何であったのか、研究の余地はある。イタイイタイ病の場合は特にその女性に偏った発症であったことが被害患者救済を遅らせた。今日のSDGs的な視点から許容されてはならないことであるが、現実はそうであった。さらに被害を拡大させた重要な要因は、多数の患者の体内にカドミウムが蓄積され、多産女性が多かったイタイイタイ病発症の最盛期に日中戦争が始まり戦時体制化で激甚健康被害も顧慮されないまま終戦後までずっと続いてしまったことである。

後述するように、萩野昇医師、農業指導家吉岡金市、岡山大学で水質分析が専門の小林純の三名の尽力で一九六一（昭和三六）年にイタイイタイ病の発症原因はカドミウム摂取であることが検証された。しかし、その動かぬ証拠が明らかにされた後も被害者の救済開始に至らず、四大公害裁判訴訟と公害病認定がなされた一九六八（昭和四三）年まで待たなければならなかった。その後認定行政は実施されたが、認定要件は厳しく発生原因の根絶については、汚染された農地の土壌復元が開始されたのは一九八〇（昭和五五）年であり、土壌復元の完成は三三年後の二〇一二（平成二四）年であった。

また、一旦原告全面勝訴と和解、医療補償協定が成立した後も、一九七四（昭和四九）～一九七七（昭和五二）年の『まきかえし』が起こって、一部の人たちから因果関係否定論が出されたこともあった。

明治時代から始まったカドミウム汚染被害、その健康影響は今なお十分な救済がないまま、被害補償、医療費支給が（とくに中軽症患者に対して）不十分なままの状況が続いているのである。

イタイイタイ病の重症者の病状は病名の通り熊本水俣病以上に深刻なものであった。ここで自他共に注意しておきたいのは、イタイイタイ病の名前から、骨が折れるまでの激甚健康被害がある重症者ばかりを考えてしまうが、そこまで重症でなくカドミウム腎症と呼ばれる腎臓障害だけの人も、顕著な障害が無くても腰が痛い、肩が痛い、体がだるい等と言うだけの人でも、それが神岡鉱山からの汚染水によるものであればイタイイタイ病患者、鉱害被害者だということを忘れてはならないということである。

二〇二二（令和四）年時点で認定患者数は二〇一名しかいないがカドミウム腎症の人なども国が認める公害病として救済対象になるようにすべきである。さらに医療調査をして探し出せば見つかる患者もいる可能性もある。水俣病同様、イタイイタイ病も終わっていない、これも激甚公害としての特徴として書いておかなければならない。

イタイイタイ病の典型症状

イタイイタイ病の最重症者の症状は体中各所の骨折であり、それは骨の萎縮脱灰で、骨中のカルシウムCa分が溶出して、骨が弱くなり、折れやすくなったり（骨粗鬆症）、骨が柔らかくなったり（骨軟化症）する症状である。骨の萎縮の結果として身長が短縮する症例も多く、イタイイタイ病患者の典型像ともなっている。有名な小松みよさんの例でも［写真1］でインタビューする向井嘉之氏と背を比べてよくわかるように、かなり背が低くなっている。骨折が原因で痛い以前に恥骨部他、全身の疼痛が顕著である。骨折は重症者の頂点の典型症状であり、イタイイタイ病の病名から、この重症症状ばかりを想起しやすいがカドミウム摂取による症状は骨だけでなく、かなり後になって神岡鉱山健康被害として認められるようになったカドミウム腎症等様々なのもがある。カドミウム摂取健康影響のうち、骨粗鬆症、骨軟化症以外の裾野まで広がる様々な症状については、その後の医学的な研究も進み、本書でもイタイイタイ病治療の第一人者である青島恵子さんの報告がある。ここではあえて裁判当時の医学知見について萩野昇医師が宇井純の東大自主講座で講演した際の資料（講演日一九七一・昭和四六年、五月一〇日[6]）を基に書いた。この病状は訴訟以前、公害患者認定以前に痛い痛い苦しみの中で亡くなっていった戦中戦前型典型激甚イタイイタイ病の姿である。

写真１　骨の萎縮で背が低くなった小松みよさんとインタビューする向井嘉之　向井嘉之提供

原因解明の経緯

上述のように水田稲作被害や川魚漁の被害が神岡鉱山からの汚染水によるものであることは戦前から誰もが認めるところであった。河川水に亜鉛が含まれていることも早くから解明されていた。イタイイタイ病も全体状況から他には原因を考えにくかったはずであるが、その機序が解明されず、病気についての鉱山への抗議や医療費請求等の運動も起こされなかった。

早期の記録では一九三五（昭和一〇）年に萩野昇の父親、先代医師であった茂次郎が、日記に奇病の原因は神岡鉱山の鉱毒ではないかと書いていた。萩野昇は一九四六（昭和二一）年三月に戦争から復員して故郷の病院を継いだが、開業翌日から患者が来て、患者の中で神経痛の患者が妙に多いとか、往診に行くと体内多数ヵ所骨折して痛いといって寝ている患者多数と出会った。開業医で治療できない患者は大きな病院へ送るのが通例で、富山市内の大病院に送ったが、大病院でもわからないと送り返されて来た。そこで金沢大学の宮田栄教授に報告したところ、骨軟化症ではないかと診断され（この診断は当たっていた）、治療としてビタミンD投与がなされた。しかし効き目がないということで、そこから栄養不良説、ウイルス説等原因究明は的外れな方向に流れて行き、適切な治療法も見いだせなかった。その後も原因究明への仮説提示と医学的研究は続けられたが、どれも的外れなものであった。原因究明も進まず、治療法も見いだせないまま終戦から十年経過した一九五五（昭和三〇）年八月四日の『富山新聞』に「婦中町熊野地区の奇病、いたいいたい病にメス」という記事が掲載され、これが病名がイタイイタイ病になった始まりであった。[7] 八月一二日に総合調査が実施され二〇〇人が受診したが、その先取り記事であった。この病名をつけたのは、この記事の著者、八田清信記者である。

萩野昇は近隣の多数のイタイイタイ病患者を診て、独自の考察から原因は神通川の水であろうと考えて、一九五七（昭和三二）年富山県医学会でイタイイタイ病鉱毒説を口頭発表した。その時点ではカドミウム汚染は考慮されておらず、亜鉛、鉛が原因物質と考えられていた。しかし、これは仮説に過ぎず医学的症状との関係を説明できる裏付けが何もないものであった。

この状況を打開してカドミウム原因説を打ち立てたのは吉岡金市と萩野昇とのやり取りから得られた仮説と小林純の微量重金属含有率分析研究であった。偶然小林も吉岡も岡山の人で、イタイイタイ病患者多発地域とは元来無縁の人であったが縁あってイタイイタイ病原因究明にのめりこむことになった。吉岡は農業指導者で倉敷市在住であったが冷害対策の専門家で一九六〇（昭和三五）年七月三〇日に農業高校で講演を行うため汚染地域に来ていた。小林純は一九六〇（昭和三五）年頃は岡山大学で水質の化学分析をしていた研究者でアメリカの同分野研究者とも交流があった。戦争中は農林省で同分野の分析技師をしていた。偶然というよりイタイイタイ病の解明に係わるよう天が仕向けたとでも言うべきことがあって戦争中にこの地域の鉱毒被害水田調査を担当して汚染田を視察、水田の給水口近くに沈殿池を設けた水田の実情を調べ、神岡鉱山も視察し報告書も書いていた。この経験が後で役に立つとは彼自身も思いもよらなかったであろう。当初二人は何の接点もなかったが、それぞれが現地の萩野医師とつながり、鉱毒説に強い関心を示して、討論し、小林のスペクトロ分析により、ついにカドミウム汚染がイタイイタイ病の原因であることが明らかにされた。

原因究明が急速に進みだしたのは一九六〇（昭和三五）年であった。農業高校に講演に来た吉岡は、講演後水田を視察する機会があり、すぐにこれは鉱毒であると断定、さらに農業公害があるところに人間公害もあるのではないか、と言い、鉱毒説を述べていた萩野医師に会いたいと言った。萩野は一旦は断ったが、吉岡は病院に押しかけ訪問、四時間も話し込んで、萩野に水より米に何かがあると仮説的な見通しを述べた。その後吉岡が小林を訪問、吉岡も小林も偶然ともに岡山であることも幸いして、吉岡が分析サンプル資料を小林に届けたり、小林の分析結果を萩野に届けたりして一九六〇（昭和三五）年の秋は急速に解明作業が進むことになった。直感力に優れた吉岡が農業指導者として各地の農地を見て来た経験からイタイイタイ病の原因として米の重金属汚染と結びつけた考えを示したが、その時点で既に小林が米中のカドミウム含有率が高いことを分析できていたことがあり、萩野を接点にして結びついて原因解明に向けた大きな前進が実現できたのであった。その結び付きを可能にしたきっかけは五年前の八田清信のいたいいたい病命名新聞報道であった。

それに先行して小林はイタイイタイ病を意識する以前に全国のコメ中のカドミウム濃度を分析していた。小林は一九五六（昭和三一）年からスペクトログラフで人体組織の重金属含有分析を始めていた。東京に来た米国シュレーダー博士と面談する機会があり、彼が行っているカドミウム分析の話を聞き、小林は一九五九（昭和三四）年に各県農業試験場に依頼して各県産の米を送ってもらい、各地産の米中カドミウム含有量を分析した。[8]［図1］に示すように神通川流域、渡良瀬川流域、碓氷川流域産米について分析すると、これらの鉱毒汚染地域では一般地域に比べてカドミウム濃度が突出して高いことが明らかになった。渡良瀬川流域産米から高濃度のカドミウムが検出されたことからイタイイタイ病と足尾鉱毒事件の共通性が確認できる。

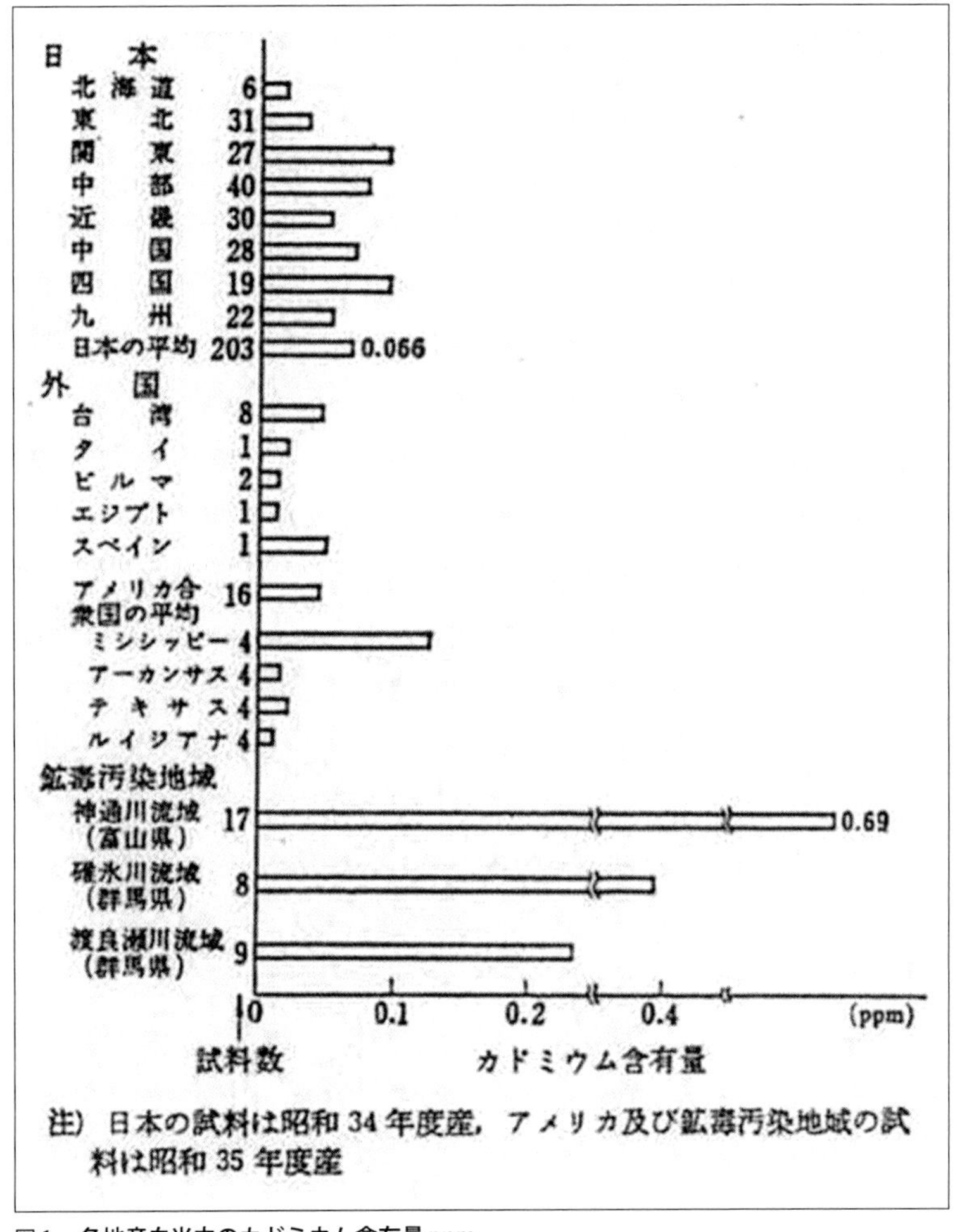

図1　**各地産白米中のカドミウム含有量ppm**
イタイイイタイ病発病地域と足尾鉱毒地域、および安中（カドミウム大気汚染地域）でカドミウム汚染が顕著　出所：小林純『水の健康診断』岩波新書（青）777、1971

小林純は一九五五（昭和三〇）年八月の患者調査の報道を見たのであろう。その年に萩野医師に依頼して神通川河川水を送ってもらいカルシウム含有量について分析した。[1]イタイイタイ病の原因が飲料水のカルシウム摂取量が少ないからではないかとの仮説であったが、カルシウム量は通常値であった。次に一九五九（昭和三四）年に飲料水中の重金属含有量に着目し再び萩野医師に流域の水サンプル送付を依頼した。届いた水サンプルを分析した結果、鉱山付近の河川水から高濃度の重金属、発病地の神通川の河川水からもカドミウムを含む微量の重金属が含まれていることが判明した。この時点の分析手法では含有率が何ppmかの完全な定量化はできず、多い少ない等の定性的な（相対値）分析しかできなかった。

患者の骨や臓器の分析を行いたいと考えていた小林は吉岡に患者の骨の分析サンプルを入手して岡山に持ち帰ってほしいと依頼した。吉岡が持ち帰った骨と内臓サンプルを得た小林がさっそく分析した結果、骨中に多量の重金属が含有されていることが判明した。引き続き吉岡経由で鉱山廃水、神通川の水、水田の泥等を入手し重金属含有量を分析した。この段階では定性分析であったが、小林はこの結果も萩野氏と吉岡氏に送っている。

小林純はさらにイタイイタイ病患者の骨、内臓等の標本をスペクトル分析し、一九六一（昭和三六）年には定量分析が可能になり[9]［図2］に示す数値を得ることができた。特に患者の骨中に驚くほどの高濃度カドミウムが蓄積されていることが判明した。

この分析が可能になったのは一九六〇（昭和三五）年五月から八月渡米し、テネシー大学のイザベル・H．ティプトン女史から定量分析法を学んで来た成果であった。

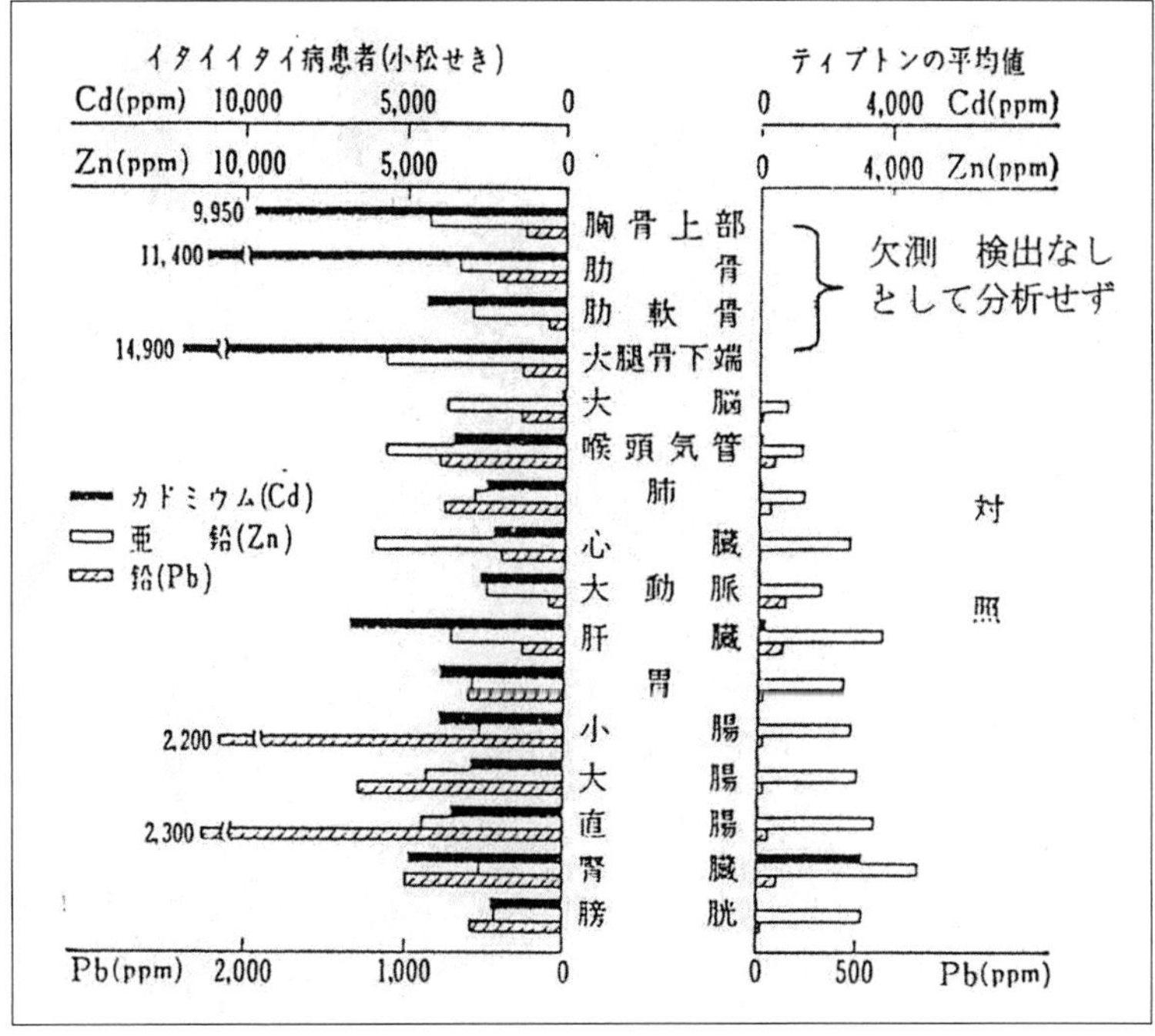

図2 **イタイイタイ病患者組織中の重金属含有量 小松せきの例**
出所：小林純『水の健康診断』岩波新書(青)777、1971

［図1、2］からイタイイタイ病がカドミウム汚染によるもので米経由の摂取があることが確認された。米による濃縮を示す分析結果は［表1］[10]に示されている。濃縮傾向はカドミウム、亜鉛、鉛でそれぞれ傾向が異なるが、人体影響は突出してカドミウムが強く、亜鉛、鉛は相対的に影響が低いことが今日ではわかっているので、カドミウムだけに注目してよい。

小林はさらに米国ＮＩＨ（国立公衆衛生院）に研究費申請して動物実験を行った。公害問題解明への研究費を獲得しにくい日本の実情の中で米国からまとまった研究費を獲得できたこと、その動物実験研究で得られたイタイイタイ病原因究明検証は、その後の訴訟や公害病認定や補償金、医療費の獲得につながる大きな成果であった。［図3］[11][12]はその実験結果の一部である。カドミウム摂取したラットで

		水田土壌	稲の根	白米
Cdカドミウム	灰中ppm	6	1,250	125
Zn亜鉛	灰中ppm	1,125	2,600	4,700
Pb鉛	灰中ppm	348	810	22
Cdカドミウム	相対比　水田土壌＝	1	208	21
Zn亜鉛	相対比　水田土壌＝	1	2.31	4.18
Pb鉛	相対比　水田土壌＝	1	2.33	0.06
	資料数	5	5	17

表1　神通川流域の土壌、稲の根、白米中重金属含有量

出所：小林純『水の健康診断』岩波新書（青）777、1971

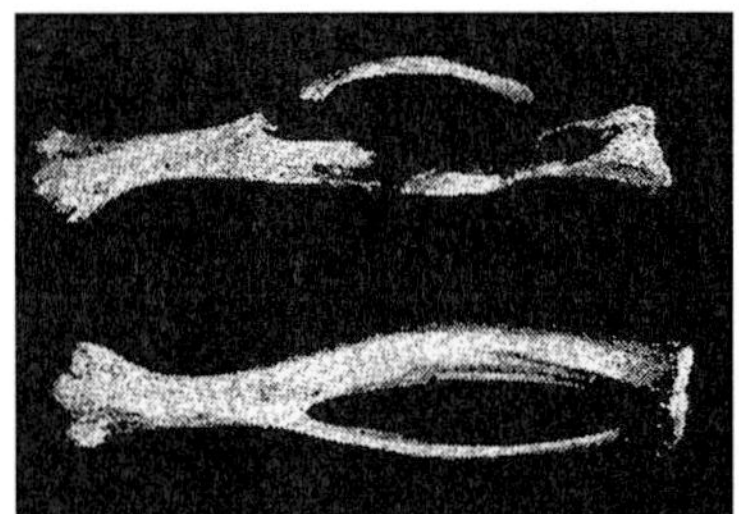

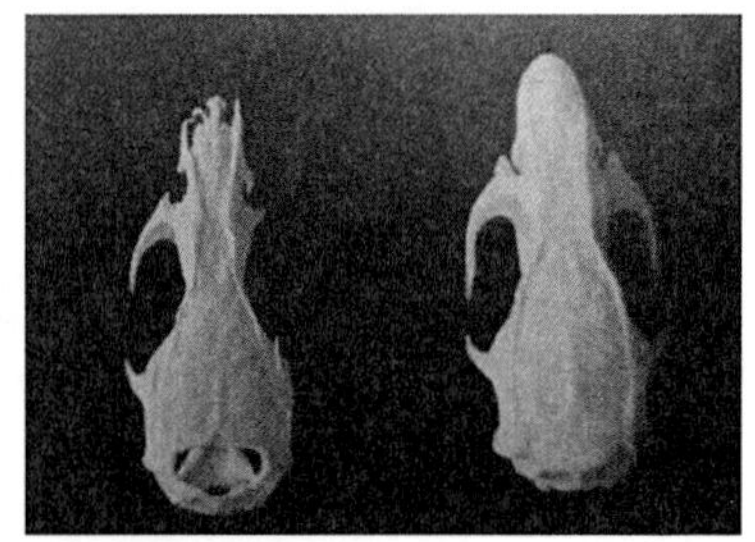

図3　カドミウム摂取による骨の欠損　ラット実験　右対象（正常例）

右：頭蓋骨　出所：飯島伸子、渡辺伸一、藤川賢『公害被害放置の社会学』東信堂、2007

左：下腿骨　出所：小林純『水の健康診断』岩波新書（青）777、1971

は頭蓋骨や下腿骨に欠損が見られたが、これは骨粗鬆症を起こした結果と解釈できる。

関係者への報告とマスコミ報道

小林は研究作業員に連日残業させて得られた定量分析結果をまとめて一九六一（昭和三六）年五月一〇日から富山を訪ね、一一日に萩野医師と神岡鉱山に説明に出向いた。「（小林は）イタイイタイ病患者の全身の組織、発病地の米や稲の根などから多量の重金属を検出した経緯を述べ、定量分析のデータを示して、イタイイタイ病が鉱毒病と推定される旨を伝えた。（中略）、（鉱山側から）『カドミウムは、高価な金属だから、いまはできるだけ回収している。しかし、学会での発表や鉱山側との学問的な討論は結構ですが、新聞等の報道機関への発表は差し控えてほしい。』との要望を受け、これを約束した。（けれども、その約束が、わずか三日で反古になろうとは、私たちには予想もできないことであった。）[13]」一二日と一三日と富山県庁で知事と幹部に同様の報告をしたが、一四日の富山新聞に「イタイイタイ病の原因は鉱毒」という記事が出て、「萩野昇の鉱毒説をはっきりと裏付けるものとなった。」と書かれていた。[13] 小林の鉱山側との約束はいきなり破られてしまった。吉岡は地元からイタイイタイ病と鉱毒の究明を依頼されていたが、解明研究に吉岡も係わってきたことが新聞記事に何も書かれていなかったことから協力して来た萩野、小林との人間関係が破壊され、その後吉岡が萩野、小林の原因究明活動から離れてしまう結果になった。

この報道はイタイイタイ病があらためて全国的に知られるきっかけにもなったが、これを機に鉱山側の反論も始まった。

裁判勝訴までの長い道のり

同じ頃進行していた新潟水俣病で公害訴訟が始められ、新潟訴訟弁護団長だった坂東克彦から北陸つながりで提訴の勧めもあり、一九六八（昭和四三）年三月九日イタイイタイ病第一次訴訟が提訴された。同年五月八日、イタイイタイ病患者が最初の公害病患者として認定された。カドミウム原因説報道から七年経過していた。

この間、萩野、小林等の学会発表に対して鉱山側の根強い反論があり、例えば一九六四（昭和三九）年のテレビ討論で鉱山側論陣を張る岐阜大舘正知教授に萩野医師が論破され、客観証拠があるのに鉱毒説が否定されるような幕引きになってしまったこともあった[13]。

一九七〇（昭和四五）年になると国に公害対策本部と公害対策閣僚会議が設置され、公害国会と呼ばれて多数の公害対策関係法案が審議され、翌一九七一（昭和四六）年に環境庁が発足した。そうした公害対策に前向きな情勢の中でイタイイタイ病についても六月富山地裁判決が出され、翌一九七二（昭和四七）年八月名古屋高裁金沢支部の判決が出て原告全面勝訴となった。カドミウム鉱毒原因究明報道から一一年経過していた。同年一〇月、二次から七次訴訟も和解し、判決から一年後の一九七三（昭和四八）年七月一九日に三井鉱山は医療補償協定に調印した。

これで患者救済が完結するかに見えたが、文芸春秋一九七五（昭和五〇）年二月号の児玉隆也『イタイイタイ病は幻の公害病か』記事等、金属鉱業界を中心にした「まきかえし」が起こった。汚染米買い上げや汚染土壌対策費用を安くしたい思惑があったとされ、一九七三（昭和四八）年に成立した「金属鉱業等鉱害対策特別措置法」により国家に費用負担させることにつながったようである[14]。

まとめ

イタイイタイ病は足尾鉱毒と共通性が高い鉱害であり、その最激甚期は戦前から戦争中、二〇世紀前半であり、二〇世紀後半の高度成長期に最も激甚であった水俣病や大気汚染の公害とは異なるものであった。一九四四（昭和一九）年からカドミウム回収が始まり、一九五五（昭和三〇）年の和佐保堆積場の完成により流出量が大幅に削減されたので、患者等の体内に蓄積されたカドミウムのほとんどは戦前の生産により排出されたものである。公害病認定第一号となったが、そこだけを見てしまうとイタイイタイ病の本当の激甚さを理解できなくなってしまう。認定患者数も同様で、認定制度ができた頃に申請できた人だけが対象になっていて、それ以前の人は数えられていない。また全期間の多数の中軽症の人も対象から外れている。戦前戦時中に亡くなった、今となっては確定できない大多数の患者等こそがイタイイタイ病患者の中心的存在である。繰り返し前述したように、痛い痛いで長い病苦生活を強いられ、苦しいから死なせてくれ、と懇願する患者も多かった程の激甚鉱害は世界的にも例を見ないが、その人達の苦しみを忘れないように後世に伝えることが重要なのである。福祉国家の在り方としてイタイイタイ病はあまりにも外れた恥ずべき不都合な事実であった。萩野、小林、吉岡の尽力で鉱毒原因が米経由を主としたカドミウム摂取であることが判明してから、なお一〇年以上救済されないままであったことも特記すべきことである。東京オリンピックを成功させ、大阪万博も開催し、高度成長を遂げた、同じ時期に、なぜイタイイタイ病患者は救済されないまま放置され続けたのか、善良な市民も多い日本社会で、なぜこのような事態が続いてしまったのか、環境政策講義を担当して来た身として、環境問題の研究者として、熊本水俣病同様、今でも「終わっていない」鉱公害を、終わらせることができないままなのか、理解できないでいる。

二一世紀も第一四半期の終わりも近く、気候危機のような地球規模の深刻な環境問題も顕著になる中で、二〇世紀前半型の激甚鉱害が十分記録、記述されないまま忘れ去られようとしている。この状況を見過ごすわけに行かず、この機会にイタイイタイ病の要点を書いておくことにした。

次の機会には足尾鉱毒事件と明治時代の鉱害、水俣病、ヒ素ミルクやカネミ油症問題、ベトナム戦争の枯葉剤健康被害、国内外の大気汚染、福島原発事故問題等との比較において、それぞれの汚染や健康被害の特徴を比較しつつ、気候危機、人新世に包括される地球規模環境問題ともいっしょに考察して、背景にある起因の共通性、発生と被害者救済放置における共通の問題点等について、鉱公害の根絶と被害者の救済に向けて検討したいと考えている。

引用文献

[1] 志村史夫『古代日本の超技術』・BlueBacks,B1175、一九九七
[2] 八田清信『死の川とたたかう―イタイイタイ病を追って』偕成社文庫、一九八三
[3] 畑明郎『イタイイタイ病』実況出版・環境叢書シリーズ2、一九九四
[4] 向井嘉之『イタイイタイ病と戦争　戦後七五年忘れてはならないこと』能登印刷出版部、二〇二〇
[5] 畑明郎『イタイイタイ病』実況出版・環境叢書シリーズ2、一九九四
[6] 宇井純『現代科学と公害、公害自主講座、第2期』、「荻野昇講演記録、イタイイタイ病」講演1971.5.10、勁草書房、一九七二

［7］八田清信『死の川とたたかう―イタイイタイ病を追って』偕成社文庫、一九八三
［8］小林純『水の健康診断』岩波新書、一九七一
［9］小林純『水の健康診断』岩波新書、一九七一
［10］宇井純『現代科学と公害、公害自主講座、第2期』「小林純講演記録・日本のカドミウム汚染」講演1971.5.31、勁草書房、一九七二
［11］飯島伸子、渡辺伸一、藤川賢『公害被害放置の社会学』東信堂、二〇〇七
［12］小林純『水の健康診断』岩波新書、一九七一
［13］小林純『水の健康診断』岩波新書、一九七一
［14］畑明郎「イタイイタイ病の加害・被害・再生の社会史」『環境社会学研究6・特集：公害問題への視点』二〇〇〇

参考文献

（1）外岡豊『環境政策』埼玉大学経済学部社会環境設計学科、二〇一一、イタイイタイ病年表
（2）松波淳一『イタイイタイ病の記憶』桂書房、二〇〇二
（3）向井嘉之『イタイイタイ病との闘い原告小松みよ―提訴そして、公害病認定から五〇年』能登印刷出版部、二〇一八
（4）吉岡金市『イタイイタイ病研究―カドミウム農業鉱害から人間公害（イタイイタイ病）への追求』米子たたら書房、一九七〇
（5）小林純「イタイイタイ病の原因の追究Ⅰ―カドミウムをめぐる生物地球化学―」『科学』Vol.39, No.6、一九六九
（6）小林純「イタイイタイ病の原因の追究Ⅱ―カドミウムをめぐる生物地球化学―」『科学』Vol.39, No.7、一九六九
（7）小林純「イタイイタイ病の原因の追究Ⅲ―カドミウムをめぐる生物地球化学―」『科学』Vol.39, No.8、一九六九
（8）小林純「イタイイタイ病」『ジュリスト臨時増刊』1970.8.10, No458、一九七〇
（9）野村好弘「イタイイタイ病事件―公害における疫学的因果関係論」『別冊ジュリスト』No.126・「公害・環境判例百

選,54-57p.11」の改訂、一九九四
(10)向井嘉之、森岡斗志尚『公害ジャーナリズムの原点イイタイイタイ病報道史』桂書房、二〇一一
(11)畑明郎「アジアのカドミウム汚染」経営研究、二〇〇三
(12)鎌田慧『隠された公害 ドキュメント イタイイタイ病を追って』三一新書、ちちくま文庫所収、一九七〇
(13)倉知三夫、利根川治夫、畑明郎編『三井資本とイタイイタイ病・現代資本主義叢書、大月書店、一九七九

研究ノート

研究ノート1

四大公害病からみた富山県のイタイイタイ病で思うこと

林　豊治

日本の四大公害病はイタイイタイ病を除き、ほぼ一九四〇〜六〇年に発症して過酷な健康被害をもたらした。その中でも熊本県の水俣湾を中心とした不知火海（しらぬいかい）の魚介類を食べた人から発症した熊本水俣病は、後に胎児性の水俣病も発見されたこともあり大きな問題となった。新潟の水俣病は阿賀野川（あがのがわ）上流の工場からの廃液で下流地区で発生した。原因は熊本県の水俣病と同様にメチル水銀であった。

イタイイタイ病は神通川上流の岐阜県にある神岡鉱山の工場からのカドミウム等の廃液の排出により、下流の富山県の扇状地に暮らす三五歳以上の女性に多く発生した病害であった。いずれも海や川に汚染物質が流れ込んでの水質悪化により食物連鎖等による公害である。

一方、三重県の四日市ぜんそくは石油コンビナートから排出される悪臭、ばい煙の直撃を受けての健康被害から始まった大気汚染による公害である、その中で共通した特性とそうではない要素を考慮することで、富山県のイタイイタイの特性を浮かび上がらせてみた。

1　公害問題に影響されたと思う主な時代背景

（1）憲法での主権と基本的人権の取り扱いの変化

第二次世界大戦前の旧憲法でも、人権は一応定められてはいたものの、その範囲は法律で規定されている範囲内であった。主権は天皇であった。しかし、戦後の憲法では、主権は国民であり、基本的人権の尊重（自由権・社会権・平等権）などが認められるようになった。

さらに、戦後の憲法の二五条一項は「すべて国民は、健康で文化的な最低限度の生活を営む権利を有する」となり、より国民の権利が認められるようになった。

（2）第二次世界大戦前後では、国策による戦争や空襲で亡くなった家族が多く、現在より人命尊重の意識が低かった。

（3）戦後の復興のため国策で石油コンビナートをはじめとして、重化学工業の発展を重視したこと。これは都道府県でも同様のことである。

（4）戦前から続いた足尾銅山鉱毒事件に対し、責任追及や対策や十分な補償を行ってこなかった。

2　四大公害病関連の文献を読み感じたこと

三重県の四日市ぜんそくも含め、人の健康被害が顕著になる前には何らかの漁業被害が生じていた。当時は公害問題への意識が今ほど無かったことが四大公害病につながったものと思われる。さらに、富山県は戦前のから農業被害もあり、戦中には国の農業被害調査もあったのに原因追及が遅れたのは問題だと考える。この点は患者発見の報告があってすぐに行政が動き、原因究明を始めた新潟水俣病の事例は学ぶべきだと思う。

ただ、富山県のイタイイタイ病が他の公害被害地域と異なる点は、加害企業と被害地には一定の距離があり、政治的・経済的な地域の結びつきも歴史的に強くなかったため、被害者と原因企業との関係もほぼなかったことから、被害者団体の統一が進み、それを、優秀な弁護団が訴訟を指揮して早期の勝訴につながったと思える。

裁判では、疫学的な説明は可能であったが、イタイイタイ病のメカニズムの原因解明を行うことが極めて困難だったと思える。原因解明の中心となったのは地元の医師で病理学を専攻していた萩野昇医学博士、農業被害から疫学的調査を行った吉岡金市農学・経済博士、世界的な水の分析の専門家でカドミウム分析を行った小林純理学博士らで、こうした研究者の協力により、イタイイタイ病の原因がカドミウムであることを国に認めさせたことは大きな功績であった。

そして、控訴審の完全勝訴後にイタイイタイ病対策協議会など原告側・弁護団と三井金属鉱業社長との間で「イタイイタイ病の賠償に関する誓約書」「土壌汚染問題に関する誓約書」に同意の署名をさせて企業の責任を認めさせ、賠償、医療給付だけでなく「公害防止協定」を締結し、工場の立ち入り調査等を認めさせたことは画期的なことだと思う。

その後、国・県の補助もあり農用地の復元事業を行ない神通川流域の農地と自然環境を取り戻せることになったことは四大公害病訴訟の中でもモデル的な成果をあげたのではないか。

しかし、一つ懸念されることは、最近、公立の小さな図書館に行っても書棚にイタイイタイ病関連の本が並んでいなかったりすることである。「災害は忘れたころにやってくる」という言葉があるように、富山県のイタイイタイ病の歴史を忘れてはいけない。

参考文献
[1] 政野淳子『四大公害病』中央公論新書、二〇一三
[2] 宮本憲一『戦後日本公害史論』岩波書店、二〇一四
[3] 八田清信『死の川とたたかう―イタイイタイ病を追って』偕成社、二〇一二
[4] 萩野昇『イタイイタイ病との闘い』朝日新聞社、一九六八

研究ノート2

市民感覚に基づく社会の健全化に向け
～イタイイタイ病理解が津々浦々へ広がるために～

富樫　豊

1・はじめに、イタイイタイ病問題から

イタイイタイ病闘争について被害者の方々および支援者の方々の長きにわたる努力に敬意を表し、今なお続く運動がより成果があがることを期待している。

その一方で、イタイイタイ病問題は終わったという捻じ曲げられた風潮や過去の一事件という事実の矮小化がみられることには懸念している。

ではどうするか。右記の懸念は社会に向けられた不条理が社会の歪みにつけ込んだ結果と受け止め、この歪みを正すことから始める。そうすれば、仮に今後、歪みが生起しても速やかに解決に向けて対処できることにもなる。すなわち、社会の健全化でもって、社会のいわば体力の充実を図ることが急務といえる。

では健全化の実施には何が大事か。著者は街づくりの実践をもとに暮らしがコミユニテイと一体になって、そのパッションが集積され市民社会が醸成すると考えている。

本稿では、イタイイタイ病問題を念頭において市民運動をより拡大・強力にする一つのアプローチ

として、社会の構成を展望することから始め、市民視点により社会の現状を踏まえた社会健全化について論考するとした。

2・社会の捉え方と諸問題

2・1　社会の捉え方、社会の健全化

現行社会における不都合には、社会システムでいえば、過度の分業・専門分化、事象の関連性分断化等が、人間の営みでいえば、人間関係希薄化、均質化、同調圧力等が、環境面でいえば、生活居住環境質低下、自然環境破壊、歴史遺産軽視（建造物など含め）等がある。

このような不都合を生起する原因が社会システムの（一部の）歪みにあるので、改善のための前段階として、社会における歪みの解消として社会の健全化を図るために市民参加の道を切り開くことを考えた。

そこで、現行社会の各種問題を分析し、社会の健全化に向けたビジョンと実施可能な方策を作ることにした。

2・2　社会活動の遂行において

2・2・1　市民の位置づけ

社会においては、消費者と生産者、利用者と提供者、といった専門行為の種類を念頭に置いた枠組

みがある。これらはいずれも対象とする問題を特定化することによって、問題を分かりやすくさせ、市民の置かれている状況を明確にすることができる。しかしながら、問題が社会の中で種々関連しあうことを考えると、市民の位置づけが狭くなることは否めない。そこでここでは、市民と市民に相対する専門家とによる枠組みを設定することにした。

なお、専門家については、事業推進側、社会推進側、行政等も入れた専門行使側の組織・団体であり個人とした。また専門行為とは、組織や社会の論理を駆使したもの・事をなすこととした。

2・2・2 市民と専門家

社会活動においては、専門家は市民に代わり専門行為を行うことになる。にもかかわらず、真に市民のためなのか、市民の意向が反映されているのか、専門家の都合によるものか、といったことが常に問題となっている。すなわち、社会活動遂行の専門家（集団、組織）には社会のシステムの構成論理に基づき組織維持や発展を至上とするあまり、市民側との間で軋轢（あつれき）が生じることが多い。なお、社会システムの論理とは、資本主義とか、新自由主義等のことである。

2・2・3 市民と専門家の考えと行動

専門家においては、専門行為に際して事業目的や組織論理が背景にあるために、思考や行動には理性や知性に基づいているものの限界がある。これに対し市民においては、社会の底流を成す社会意識（常識や慣習等）のもとであっても、思考や行動には自身の感性や感情を基本にしており、これの次段階として理性的な思考や行動がある。

一方、社会においては、市民と専門家の二者は相対することが多く、社会運営構成則には組織の論理をもとにした専門論理が主体となるだけに、市民の論理がしばしば霞むことにもなる。

2・3　社会を動かす推進側の様相

2・3・1　推進側とその論理

社会を動かす推進側が中心となる社会活動では、推進側論理が中心になるために、時には社会の内部矛盾を放置とはいわないまでも矛盾の存在には触れずに、矛盾から噴きだした事象には改良主義的に対応がなされている。

こうした推進側の姿勢では、市民側の姿勢とは基本的に相入れず、両者間の軋轢を生むこともある。以下に述べる。

・利益追求行為において、市民側への配慮（懐柔）として推進側の利益が回りまわって市民にも達するとの考えが「世の中、金はまわれば良し」とする風潮を作り出している。

・生産性向上や利益追求については、効率化のもと管理強化と異質排除がみられ、独創性・主体性（個性）・多様性も運営論理の範囲内のものとなっている。

・矛盾の最たる事象からなる格差問題においては、そこそこの範囲内で格差の許容という風潮がみられ、またウエルビーイングによるハッピームードが格差を乗り越えたかの如くの幻想をもたらすこともある。

2・3・2　官や公の在り方

市民側からみた官の役割や公共の在り方も気になる。官については、特定事業における市民へのリップサービスは今さらいうに及ばない。最近は大規模再開発事業において、官があたかも特権を行使する巨大企業になっているかのようにもみえる。

これに付随して、公はいったい誰のためのものか、官のためのものではないことはいうまでもない。最近は公共善としての議論も出始めている。

2・3・3　社会におけるムード

推進側主導によりTVやSNS等のコマーシャルやマスコミを介してつくられる社会ムードについては、市民は無縁ではいられない。管理社会や同質化に加えて格差前提の社会活動について、市民側には社会ムードに慣れてしまうことが多い。

社会ムードの今一つの困りごととして「市民へのかまい過ぎ」の風潮がある。市民のニーズの先取りや需要の創出として、消費行動促進としてのサービスやイノベーションの発想の定着がいわれているが、これらはすべてかまい過ぎである。本来は、ニーズや発想は市民が主体となって考えるべきである。

2・3・4　概念規定が恣意的に変更

推進側に差しさわりのある概念について、その本質をぼかすことが恣意的（しいてき）に目立たず行われている。

原発問題を例にあげる。原発事故に端を発して、「安心安全」がことさら強調されている一方で、「安心安全」の反対の状態を「不安」としていることは問題としたい。なぜなら、「不安」ではなく本来は「不安危険」だからである。また事故では「迷惑をかけた」との表現が多用されているが、本質は「迷惑行為」ではなく「危害行為」そのものである。マイナス概念について、どこまでもごまかしがある。

2・3・5　市民参加

最近、世の中では市民参加がことさらPRされている。例えば、行政はプロジェクトについて構想がすべて確定した後に市民向けの内容説明でもって市民参加といっている。パブコメについてもしかりである。

その背景には、市民軽視の考えが見え隠れしている。行政側からは「市民を企画段階から参入させると、時間がかかり過ぎるし、思うように事が進めれない」といった本音が少なからず聞こえてくる。その一方では、（ごく一部の）開明的行政職員からは、「行政は見かけ上の市民参加をいうのではなく、（真の）市民参加に道を開き、市民に協力することが本来の姿」といった発言には希望を持つことができる。

2・4　市民側の環境

2・4・1　人間の位置づけ

推進側の生産性向上や利益追求においては、これを実学たる工学にも時代のニーズとして捉えさせているかのようである。

では推進側の市民への対応は如何にあるのか。例えば住まいの快適化においては、人間は材料（モノをいわぬ物体）であり、（人体感覚の）センサーとして位置付けられており、人間性や尊厳の影も形も見当たらないのが実状である。なぜか。人間の感性や感情は数理に載らないので、材料やセンサーとしての扱いが管理や効率を推進する上で実に都合がいいからである。

2・4・2 市民の居住環境

市民の住まい環境としての都市には、過密、高層化、自然を改変（改悪）等の問題がある。こうした環境下だからこそ開明的専門家からは「住民はもっと怒るべし、慣らされないで」といった声があるが、市民にとっては現代の住まい環境を受け入れざるを得ず、当たり前として日々慣れされてもいる。

2・4・3 教育

教育機関による教育遂行には一見歪みはないが、社会との関連で人間育成の根本に立ち入れば、教育は何のため、誰のため、と問わざるを得ない。以下に述べる。

アクテイブラーニングやSTEAM教育（科学、工学、技術、芸術、数学）などがこれまでの教育を刷新するかの勢いである。しかし、どういう訳か批判精神を養う教育は見向きもされていない。要は、スキル教育中心として物言わぬ人間の育成が第一といわんばかりであり、大きな問題といえる。また歴史認識についても、歴史真実をもとに正しい認識を教育する機運がなかなか起こらず、市民は事の本質に触れない社会ムードに乗せられているかのようである。

3・市民側からの社会の健全化に向け

社会の諸様相（章2）は推進側（専門家側）の主導によるものであり、市民側への配慮には限界があるばかりではなく、社会の核心に触れる場合に至っては市民の存在が霞んでしまうことにもなる。

これを正すには、市民論理という市民感覚を基に取り組むべきであり、生活の営みの中で積み上げられる市民感覚を社会における推進論理として取り込むことにしたい。具体的にいえば、暮らしを基本に、これを延長することで街、地域、都市、社会があるとして、市民の考えを社会まで連続的に持ち上げたい。

3・1 暮らしを基本に

3・1・1 暮らしに内在の要素

何事にも暮らしを基本とする。では暮らしに内在する社会的要素とは何か。以下の3点がある。

・暮らしの環境としてコミユニテイ
（時間と空間における人と風土の総体）
・暮らしによる社会活動の基礎実践
・暮らしの環境や実践の積み重ね
（時間と空間における文化）

3・1・2 暮らしからの活動

地域における暮らしには、健全な営みとして街づくりに向けた活動が内在している。列挙すると、

・風土風景と一体なるコミユニテイづくり
・遠隔地とも関わるコミユニテイづくり
・歴史文化の日常への取り込み

・暮らしからの自由闊達談義な気風づくり

3・2　ありのままの暮らしの意味と機能

暮らしの「ありのまま」とは、意図しないモードに乗せられ強いられることのないニュートラルの意味である。なぜこれが必要かといえば、推進側の組織論理との対峙として、種々の問題に対するオルタネイティブな見方ができると考えるからである。また、期待される機能としては、市民感覚の醸成であり、社会における目的化された各種行為とは別に（目的化されない）感覚的行為を伸ばすためでもある。

3・2・1　市民センス（市民感性・感覚）

市民生活における社会センスとは、暮らしの中での社会活動を通して磨かれ蓄積され身に付いたものとする。

これより、社会のあり方や地域の在り方などに思考や行動の源としてセンスが発揮されることになる。また、社会問題でも健全な暮らしのもとでは、「これは変、あれも変」といった感覚で社会のあり方や社会問題への対処が自然と可能となり、諸状況の見極めや本質の論考も身近な能力となる。

3・2・2　教育

人間教育としては、学校教育のように教育そのものを目的とした組織教育もあれば、特別に目的としない教育もある。後者については、家庭における暮らしの中での気づきや学びがあり、これらは成人の素養形成の源にもなる。根拠は、子どもの生育を目的とした家庭教育などと呼ばなくても、暮らしそのものが社会体験であり、実践過程を学んでいることになるからである。

3・3　暮らしは人権

街づくりや再開発にみられる乱暴な進め方に異を唱えるために、我らの住む権利は基本的人権であるという常識がより深化して、今では最低限の生活を保障するというレベルを超え人間としての豊かな生活をする権利が人権そのものであるという考えに至っている。

また、環境権も良好な環境の下で過ごせる権利として人間本来の暮らしが着目され、これより良質な自然環境の下、自然の恵みを享受できて当たり前という風潮が静かに定着し始めている。

4・市民力向上に向け

4・1　市民力

市民力とは、市民が社会づくりのために自ら作り上げる活力のこと、すなわち市民と専門家の枠組みで暮らしを社会まで延長する力のこととした。

市民力の発揮先については以下に記す。

・行政などの各種施策策定への市民参加

・市民世論形成、社会意識づくり（良識見識）

・各種問題へのコミット、他

市民力醸成に必要な事項は

・顔の見える活発なコミユニテイ
良好な環境（特に風土）
・コミユニテイ同士の連携、
・他地域からの来訪者（個人）との繋がり
伝統建造物や文化ゾーンを対象
・交流圏の拡大。細く広く張り巡らし網の圏
そこにおいて自由闊達な議論と交流
市民力をもとにした取り組みは
・歴史継承と将来展望
・街・地域・都市へ生活意識圏拡大

4・2　コミユニケーションのコミユニテイ

市民力の向上として、市民向けの啓発教育と暮らしの一環としての知的交流（コミユニケーションのコミユニテイ）とがある。前者については、市民への啓発活動として、行政や大学などが実施する市民教育があり、最近は市民参加を謳（うた）った官学連携の市民会議もある。

これに対して前者は、市民が運営する平場（街場）の知的コミユニエーションであり、これには朝活とカフェが全国に点在している。
・朝活：モーニングサービスを食した後に交流

・カフェ（討議対象限定）：科学カフェ、建築カフェ、哲学カフェ、社会カフェ、憲法カフェ、等

著者の地元富山では、朝活とカフェを合わせて一〇個以上の場があり、それぞれ盛況である。朝活やカフェは、人間の生き方から時事問題まで広範囲なテーマにて結果的に市民社会の素養アップを担い、目的設定の市民教育との相乗効果もある。

5・まとめ

本稿では、現行社会における各種の不条理が社会の歪みを突いて生起するとして、改善には社会の歪みを正すいわゆる市民主導の「社会の健全化」を図ることにして基礎論を展開した。また、論の根幹には、市民が暮らしのなかで培われる感性や知性をもとに社会の英知を結集して市民力を養い、市民自身と市民社会ともにいわば体力アップを図ることにあるとした。以下に論における重要事項を列挙する。

・社会づくりにおいて、組織論理や社会システム論理に対峙して市民論理が位置付けられる。
・暮らしには、自然体での社会活動基礎実践があり、これが感性や知性の基礎形成につながり、目的特化の教育や地域・都市コミュニテイとともに相乗効果が発揮され、社会意識や市民力の形成へとつながる。
・暮らしの延長として街・地域・都市・社会をつないで、市民感覚の拡張と市民主導を組み込んでいく。

・市民力向上には、暮らしの中でのコミュニケーションのコミュニティは大きく寄与する。
・市民参加の成功例として、神奈川県大和市の土屋市政時代（一九九五・平成七年―二〇〇七・平成一九年）に、市民参加が日本で初めて実現したことを記しておく。
・本稿では、街づくり系の市民運動におけるオルタネイティブなアプローチを検討した。なお専門家の姿として、街づくりでは専門家が市民に寄り添う場合も多々みられるが、大規模再開発や公害問題における推進側の専門家とは様相を異にしていることを記しておく。

6・おわりに、イタイイタイ病問題へ

イタイイタイ病闘争について、より一層強力な世論を喚起するために市民側への啓発教育で市民力が大いに発揮されることを望みたい。

しかしながら、市民にとっては、問題の重要性は分かっているものの、次への一歩がなかなか踏み出せないのではと思う。これについて、著者は次のように考えている。一つには、市民が暮らしの中で築いてきた市民の本性（感性や知性）がいま不十分を余儀なくされている。二つには、市民が主人公の社会とはいえ、市民尊重が不十分なため、歪んだ生活環境をややもすると強いられている。

よって、こうした状況の改善として「社会の健全化」を図ることにして、暮らしの中にて本性を磨くことにより形成される市民力に大いに期待したい。

A1・謝辞

著者はイタイイタイ病に関し勉強の機会のみならず小論執筆の機会をいただいた。ここに関係各位に記して謝意を表します。また本論の展開に際し二〇一七（平成二九）年〜二〇二一（令和三）年の建築学会特別研究委員会および二〇二二（令和四）年〜二〇二三（令和五）年のT談話会の方々には議論いただき、記して感謝いたします。

A2・参考文献

（1）富樫豊「市民主導の街づくりにむけて」『日本建築学会大会梗概集、二〇二一、教育系』二九―三〇頁
（2）富樫豊「市民と地域社会づくり」『日本建築学会大会梗概集、二〇二二、教育系』四三―四四頁
（3）富樫豊「技術先行型社会における理念理想の在り方試論」『日本建築学会大会梗概集、二〇二三、教育系』六一〜六二頁

研究ノート3　イタイイタイ病を学んで感じたこと

志甫さおり

私がイタイイタイ病学と出会ったきっかけは、数年前、金澤敏子さんのひとりがたりを聴いたことだった。イタイイタイ病裁判の原告・小松みよさんの魂が乗り移ったかのような金澤さんの富山弁の語りに引き込まれ、聴いているうちに、自分の骨が痛むような錯覚に襲われた。私がみよさんだったら、痛みが先に立って裁判どころではないだろう。その日は会場で、金澤さんが文章を書かれた絵本『みよさんのたたかいとねがい』を買って、家に帰って読み直した。

富山県で起きた公害病であるのに、それまでの私は全く無知であったことに気づかされた。学校で習った四大公害病の一つではあるものの、身近に流れる神通川は穏やかで美しい。一方で、最近になっても、二〇二二（令和四）年には九一歳の女性がイタイイタイ病と認定されたり、二〇二三（令和五）年には九四歳の女性がイタイイタイ病の要観察者相当と判定されている。

「イタイイタイ病は終わっているのか、いないのか？」

金澤さんのひとりがたりを聴いてから「イタイイタイ病を語り継ぐ会」のメンバーとなり、受付や写真撮影、機関紙の編集などのお手伝いをする傍ら、イタイイタイ病に関連する各種講演を聴く機会を得た。その後、「イタイイタイ病を語り継ぐ会」が解散し、二〇二二（令和四）年に「イタイイタイ病研究会」が発足したので、私も「イタイイタイ病研究会」に入り、「イタイイタイ病学自主講座」を定期的に開催するなどしながら、より専門的にイタイイタイ病を学ぶようになった。

「イタイイタイ病は終わっているのか、いないのか？」

結論から言えば、終わっていないと言える。畑明郎さん（「イタイイタイ病学自主講座」第1回講師）によれば、神岡鉱山にある和佐保（わさほ）堆積場の堆積物は大きな災害が起これば、再び神通川に流れ出る可能性があるとのこと。今後、この地域に災害が起こらないとは言い切れないにもかかわらず、堆積物は放置されたままで、適切な対策が取られていないのが現状である。

また、医師の青島恵子さん（「イタイイタイ病学自主講座」第4回講師）によれば、イタイイタイ病の認定方法には改善の余地があり、もっと幅広い知見で認定すべきとのことだった。患者の立場に立った認定はまだまだ不十分なわけで、認定されず痛みのうちに亡くなった人もいたし、今も苦しんでいる人がいるとのことだ。

ジャーナリストの向井嘉之さん（「イタイイタイ病学自主講座」第3回講師）によれば、神岡鉱山は国策である戦争によって潤い、有害物質は垂れ流し、被害者は長い間、痛みの原因もわからず、被害に苦しみながら差別され亡くなった人もいたとのことだ。公害認定制度ができたのはそのずっとあとである。酷すぎる。

こうした構図はイタイイタイ病に限ったことではない。日本の、あるいは世界の公害も、薬害も原発事故なども同じだ。利益を追求する企業や国策として戦争を行った国では、それに伴う健康被害について、表向きは最小限の数にとどめ、隠蔽を重ねたに違いない。補償を得られる被害者はごく少なく、苦しみつづけなければならない。イタイイタイ病にあっても加害企業である三井金属鉱業は、当然、二度とこのような公害が発生しないよう、企業あげて日々、全力で取り組むべきである。

かつての汚染地に住む人々は、負の遺産ではあるが、これからの世代に子孫にこの悲惨な記憶と記録を伝えつづける必要がある。また、科学者やジャーナリストも、事実を事実として知らせ、イタイイタイ病をこれからも伝えつづけなければならない。それは私たち市民も同様である。

マスメディアはどうか、情報の受け手である私たちは無関心であってはならない。歴史は繰り返す。だからこそ、この地域に起きたイタイイタイ病の事実をきちんと事実として認識し、記録に残していくことが必要だ。「イタイイタイ病学」を学ぶ意義はここにある。

研究者の外岡豊さん（「イタイイタイ病学」プレセミナー講師）によれば、レアアースなどを採掘する海外では、今、まさに公害が頻発していて、「イタイイタイ病学」はそういう意味でも世界に共通する学びにつながるとのこと。これ以上悲惨な被害者を出さないためにも、私たちの住む地域で起こった公害の全容を世界の人々に向けて発信しつづけよう！

イタイイタイ病を学び始めたばかりの私だが、少しでも講座の内容を理解しながらこれからも学びつづけたい。次世代の人たちに市民である私たち自身が事実を歪めることなく伝え遺していくことが必要だからである。

あとがきに代えて
イタイイタイ病学のこれから

金澤敏子

「イタイイタイ病学を拓く」と称して、志をともにする皆さんに呼びかけたのが、二〇二二(令和四)年の一一月でした。有志数名の「イタイイタイ病研究会」を母体にプレセミナーを開催したところ、予想に反して参加者が多く、驚きました。すでに二〇二二(令和四)年八月には、イタイイタイ病裁判完全勝訴から五〇年を経過、イタイイタイ病への関心は次第に風化し、市民の皆さんの関心が薄れていくのもやむを得ないと思っていたからです。

このプレセミナーの熱気を受け、二〇二三(令和五)年から、果たして目標の「系統的に学び直す」というプログラムになったかどうかわかりませんが、そもそも公害という言葉が生まれる鉱山開発の歴史に始まり、イタイイタイ病発生の道すじをたどる自主講座を開催してきました。「自主講座」という言葉は、かつて公害研究者として著名だった宇井純さんが、東大工学部の助手時代に「夜間自主講座」と銘打って、大学の制度にもとづく講座制ではなく、学生のみならず市民の皆さんも自由に参加できる公害に関する公開自主講座を開いていたという、いわば「自主講座」の先輩がおられますが、もとより私たちは、初めての試みなので、ゆっくりとささやかに、この一年、歩を進めました。ある時は、富山大学や富山国際大学、金沢大学の学生が参加してくれたり、富山県外の公害に関心のある人や研究者が参加し、二〇二三（令和五）年は、第七回まで自主講座を開催できました。中でも特に、イタイイタイ病の治療と研究にあたる萩野病院の青島恵子医師の講座では、イタイイタイ病患者の認定基準から認定行政まで具体的な提言があり、会場での質疑応答が活発に行われました。

折しも二〇二三（令和五）年一二月には、神通川流域の被害住民団体と三井金属鉱業・神岡鉱業の加害企業との間で、「全面解決」の合意書調印が行われて一〇年になる節目を迎えました。健康被害、土壌汚染、農業被害、地域共同社会への影響被害などの大きな惨禍をもたらしたカドミウム問題は、被害住民団体の努力によって大きな前進をみました。しかし、今も続くカドミウムによる被害は前段症状のカドミウム腎症をはじめ、不完全な土壌復元による農業問題など、公害問題の解決とは何か、どのように区切りをつけることができるのか厳しい現実が現在も続いています。

「イタイイタイ病研究会」ではこうした現実を踏まえながら、二〇二四（令和六）年も自主講座を継続していきたいと考えています。この一年の自主講座で取り上げることのできなかったテーマも多くあります。まず何よりも被害地域の皆さんの声を聞きながら、農業や米に関するカドミウム被害の歴史とこれからの課題までに至りませんでした。

また、公害裁判として民衆勝利の画期となったイタイイタイ病裁判の検証、あるいはカドミウム問題の地域に限定されない視点、国内のみならず国際的な視野からみた「イタイイタイ病学」は欠かすことができないと思います。

こう考えてきますと、二〇二四(令和六)年の「イタイイタイ病学」自主講座は、これまでのイタイイタイ病問題にどのような現代的再評価を加えることができるかが問われます。

そのためには、単に「イタイイタイ病研究会」のみならず、被害者に寄り添いながら住民運動という多難な公害経験を歩んできたイタイイタイ病対策協議会や神通川流域カドミウム被害団体連絡協議会の知見、多くのイタイイタイ病資料を保有する富山県立イタイイタイ病資料館のアドバイス、そして富山大学や富山県立大学、富山国際大学、金沢大学などアカデミズムとの連携が必要です。いわば、イタイイタイ病を取り巻く公共性を再構築することが、これからの「イタイイタイ病学」の鍵を握るといってもいいのではないでしょうか。

二〇二四(令和六)年の「イタイイタイ病学」自主講座にご参加いただく皆さんと第Ⅱ期の講座をあらたにスタートできることを嬉しく思います。ご一緒に進みましょう。よろしくお願いいたします。

なお、本書の出版にあたっては多くの方々にご協力をいただきました。心から感謝申し上げます。また、本書の編集は能登印刷出版部の奥平三之さんにお願いしました。ありがとうございました。

■ 出版にご協力いただいた方々（五〇音順）

イタイイタイ病対策協議会
イタイイタイ病発生源対策協力科学者グループ
イタイイタイ病弁護団
NPO・EEハーモニー
神岡鉱業株式会社
岐阜県図書館
国立国会図書館
神通川流域カドミウム被害団体連絡協議会
清流会館
富山県厚生部健康対策室健康課
富山県自治体問題研究所
富山県立イタイイタイ病資料館
富山県立図書館
入善町立図書館
萩野病院
三井金属鉱業株式会社

青島恵子
江添良作
金澤孝二
小松雅子
笹原正清
柴田正孝
塚田実知代
外岡　豊
長崎ますみ
畑　明郎
林　春希
平岡孝進
松浦万里子
室　正人

イタイイタイ病学
自主講座 第Ⅰ期 講義録
問い続ける 人間から人間に

二〇二四年二月二五日　第一刷発行

著者　畑 明郎・野村 剛・向井嘉之・青島恵子
金澤敏子・吉井千周・星野富一・外岡 豊
林 豊治・富樫 豊・志甫さおり

発行人　イタイイタイ病研究会

発行所　能登印刷出版部
〒九二〇-〇八五五　金沢市武蔵町七-一〇
TEL〇七六-二二二-四五九五

編集　能登印刷出版部　奥平三之

デザイン　西田デザイン事務所

印刷　能登印刷株式会社

落丁・乱丁本は小社にてお取り替えします。

ISBN978-4-89010-828-2